JN201442

現場から経営を考える

自らの業務を起点に組織全体の経営を洞察する

一般社団法人 日本品質管理学会 監修
木内　正光　著

日本規格協会

JSQC選書
JAPANESE SOCIETY FOR QUALITY CONTROL
37

●執筆者●

木内　正光　玉川大学経営学部国際経営学科

発刊に寄せて

日本の国際競争力は，BRICs などの目覚しい発展の中にあって，停滞気味である．また近年，社会の安全・安心を脅かす企業の不祥事や重大事故の多発が大きな社会問題となっている．背景には短期的な業績思考，過度な価格競争によるコスト削減偏重のものづくりやサービスの提供といった経営のあり方や，また，経営者の倫理観の欠如によるところが根底にあろう．

ものづくりサイドから見れば，商品ライフサイクルの短命化と新製品開発競争，採用技術の高度化・複合化・融合化や，一方で進展する雇用形態の変化等の環境下，それらに対応する技術開発や技術の伝承，そして品質管理のあり方等の問題が顕在化してきていることは確かである．

日本の国際競争力強化は，ものづくり強化にかかっている．それは，“品質立国”を再生復活させること，すなわち“品質”世界一の日本ブランドを復活させることである．これは市場・経済のグローバル化のもとに，単に現在のグローバル企業だけの課題ではなく，国内型企業にも求められるものであり，またものづくり企業のみならず広義のサービス産業全体にも求められるものである．

これらの状況を認識し，日本の総合力を最大活用する意味で，産官学連携を強化し，広義の“品質の確保”，“品質の展開”，“品質の創造”及びそのための“人の育成”，“経営システムの革新”が求められる．

“品質の確保”はいうまでもなく，顧客及び社会に約束した質と価値を守り，安全と安心を保証することである．また“品質の展開”は，ものづくり企業で展開し実績のある品質の確保に関する考え方，理論，ツール，マネジメントシステムなどの他産業への展開であり，全産業の国際競争力を底上げするものである．そして“品質の創造”とは，顧客や社会への新しい価値の開発とその提供であり，さらなる国際競争力の強化を図ることである．これらは数年前，(社)日本品質管理学会の会長在任中に策定した中期計画の基本方針でもある．産官学が連携して知恵を出し合い，実践して，新たな価値を作り出していくことが今ほど求められる時代はないと考える．

ここに，(社)日本品質管理学会が，この趣旨に準じて『JSQC 選書』シリーズを出していく意義は誠に大きい．“品質立国”再構築によって，国際競争力強化を目指す日本全体にとって，『JSQC 選書』シリーズが広くお役立ちできることを期待したい．

2008 年 9 月 1 日

社団法人経済同友会代表幹事
株式会社リコー代表取締役会長執行役員
(元 社団法人日本品質管理学会会長)

桜井　正光

まえがき

“現場と経営の距離感を縮める”．本書のテーマは，筆者が学生時代に経営工学を学び，その後大学に身を置き，教育・研究に従事している過程で抱いたものである．学生時代より，工場におけるQCDをどのように向上させるかについて管理技術の視点より学んできたが，不思議と“経営”という概念と直接的に結び付いた感覚があまりなかった．ここ数年で得た機会としては，大学で“経営学”の科目を担当するようになったこと，日本科学技術連盟にて“エグゼクティブセミナー”に関わったこと，青山学院大学にて“社会課題研究”に携わったこと，日本品質管理学会設置の“サービスエクセレンス／生産革新部会”に入会したことなどである．これらの経験を含め，急激に“経営”への距離感が縮まってきたのは幸運極まりない．本日までに出会うことができ，議論をさせていただく機会のあったすべての方々のお力添え，ご助言，アドバイスなどに，この場をお借りして心より感謝を申し上げたい．

経営工学では，経営の諸問題に対して効率及び能率をどのように向上させるかが主眼であったが，“経営学”を担当することによって，“そもそも経営の問題とは？”という直接的な意識を抱くようになった．筆者の中で管理技術の延長上に眺めていたものが，中心に来た印象であった．そしてしばらくして，企業の事業構想を構築する“エグゼクティブセミナー”に関わる機会を得て，ビジネス自体をデザインするための考え方を学ぶことになった．ここでは“事業”という意識を強めることとなった．さらに“社会課題研究”により企業の外部環境である社会への意識，“サービスエクセレンス／生産革新部会”により企業の内部環境である組織能力への認識を深め，社会，企業，経営という概念が明確化した．

ここで本書のテーマに戻るが，企業経営について筆者が30年ほど学んだ道筋が，概ね本書の道筋となっている．祖父の工場経営の影響で経営工学を学び，生産管理，品質管理，IE手法，QC手法などを研究し，そして“経営”について理解を深めていった．目の前の業務における問題解決を皮切りに，職場，組織，戦略，ビジョンなどのキーワードに繋がっていったのである．企業全体の活動を実施していくためのアプローチとして，トップダウン型とボトムアップ型とがあるが，本書はボトムアップ型であり，現場の業務の視方を中心に，そこを拡げていくイメージである．

本書は現場から経営に考えが行き着くまでの過程で，多くの手法を紹介している．これこそが経営における管理技術の貢献だと考えている．現在，ビックデータ，IoT，AIという言葉が社会を飛び交っている．特にAIの進化は凄まじく，人の仕事を担当するという話は日常会話でも聴こえてくる．ここで，品質管理で大事にしている“後工程はお客様”という観点を入れて，AIによる仕事の代用を考えてみたい．この考えは自身の担当業務の次の工程を，同じ職場や同じ企業の同僚ではなく“お客様”として捉えることで，自身の業務（自工程）を丁寧に実施し，品質の作り込みをしていくための標語である．これをAIに代用されるというのは，どのような意味を持つことになるのであろうか．確かに効率的かも知れないが，質はどうだろうか．“人が後工程を考える”ことに意義があるのではないだろうか．後工程を考える瞬間こそが，この言葉に繋がるのではないだろうか．反対に，もし“後工程を考える”ことがないようにすることが目的であれば，AI 化を含めた機械化は推進されるべきものであるが，人→AI→AI→人という仕事の流れは，組織内で分断がされないだろうか．この辺りは，効率と質のトレードオフのように見えるが，本質的に“人がどう考えるか”に基づく哲学的議論となると考える．

本書で紹介する手法は，“人が考える”ことを前提に成り立っている．それは，本書のテーマが業務の改善を目的とするのではなく，“経営”という大きな概念を掴み，自身の業務を位置付けることを目的としているからである．本書で紹介する手法はレガシーな部分もあるが，是非手を動かしつつ考え，業務を通した経営全体の現状把握をしていただきたいと考える．産業界に興味を持つ一人でも多くの方が，経営についての視界が拓けてくることを期待したい．

最後に，本書を執筆させていただく機会を与えてくださった JSQC 選書刊行特別委員会の委員の皆様に，心より感謝の意を表する．

2024 年 11 月

木内　正光

目　　次

第4章　組織全体の把握

第5章　事業全体の把握

第6章　企業全体の把握

第1章 現場から経営を考える

“現在，企業の外部環境は変化して…”といわれているが，この“変化”という言葉は要注意だと考える．それは変化の幅やスピードについて表現をすることができないからである．すなわち，20年前の“変化”と現在の“変化”とでは，その示すべき事柄は劇的に異なる．

企業の外部環境を社会とすると，それは日常生活を営む身の回りである．近年，変化の象徴的なものの一つにインターネットがあり，この技術の発展は我々のライフスタイルに大きな変化を与えたといえる．インターネットは一家に一台のPCの所持に始まり，現在では一人一台のスマートフォンの所持に至った．そして，インターネットを介して一人ひとりが繋がることを実現し，グローバル化をさらに推し進めたといっても過言ではない．“デジタルデバイド（情報格差）”という概念が生まれて久しいが，インターネットは我々の生活と直結し，もはやスマートフォンなしの環境は想像することができない．

このようなテクノロジーの発展とともに，企業はグローバル化を進めてビジネスを進展させてきたが，その結果として，一人ひとりの人間がグローバルに繋がる技術を身につけたといってもよい．そしてグローバルに繋がった結果，多様な文化や価値観が交差し，多くの場でイノベーションが生まれる機会となった．企業と顧客の関係性についても変化が生まれ，近年では“共創”の概念も生まれている．世界中が繋がったことで，新たな概念が生まれて普及するスピードも速くなったといえる．

企業のグローバル化や個人のグローバル化がテクノロジーの後押しを受けて急速に進むスピード感が，現在の“変化”であると考える．世界中のどこかで“変化”したことが，瞬時に世界全体に伝わり，その影響を世界全体で享受する，この繰り返しが現代の“変化”である．従来とは“変化”の回数が大きく異なるため，影響の大きさは比較にならないことは容易に想像ができる．

このような“変化”が進む社会において，企業などで働くビジネスパーソンにとっては，仕事（業務）を通した“変化”の影響をどのように感じるのであろうか．図1.1は社会の変化に対して一人の人間が，その役割により受ける影響の違いを示している．図1.1の例では，ビジネスパーソンとして受ける変化の影響は，自身の担当業務との間に距離があるため，組織的な性質などを理解していかなければならないことがわかる．それでは，理解までにどの程度の時間を要するのであろうか．

例えば企業に入社して，仕事を覚えていく感覚を思い浮かべる．新社会人においては，はじめは右も左もわからないため，まずは与えられた業務をミスなく実施することを心掛けるだろう．この“右も左もわからない”状態，すなわち上述の組織的な性質を理解するまでのスピードを早めることや，効率良く視座を高めるにはどのような考え方が必要だろうか．

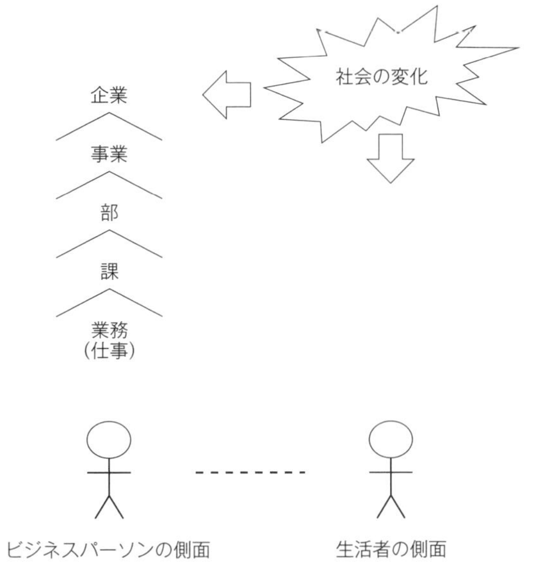

図 1.1　社会の変化に対する役割別の影響

本書ではこの視座の高め方に焦点を当て，現在行っている業務をもとに，職場，部門，事業と徐々に領域を拡大し，自身の仕事と関連付けていく方法を解説する．与えられた自身の仕事に集中することも大切であるが，その仕事を多角的に視て，自分が身を置く組織の全体像を把握することで，取り組んでいる仕事への考え方も変化するはずである．本書では仕事を多角的に視る視点と，分析のための手法についても解説している．

図 1.2 は本書の全体構成である．第 2 章では人の業務を把握する方法について解説する．一人のビジネスパーソンが，どのような仕事を行っているのかを認識するための方法を紹介している．まず

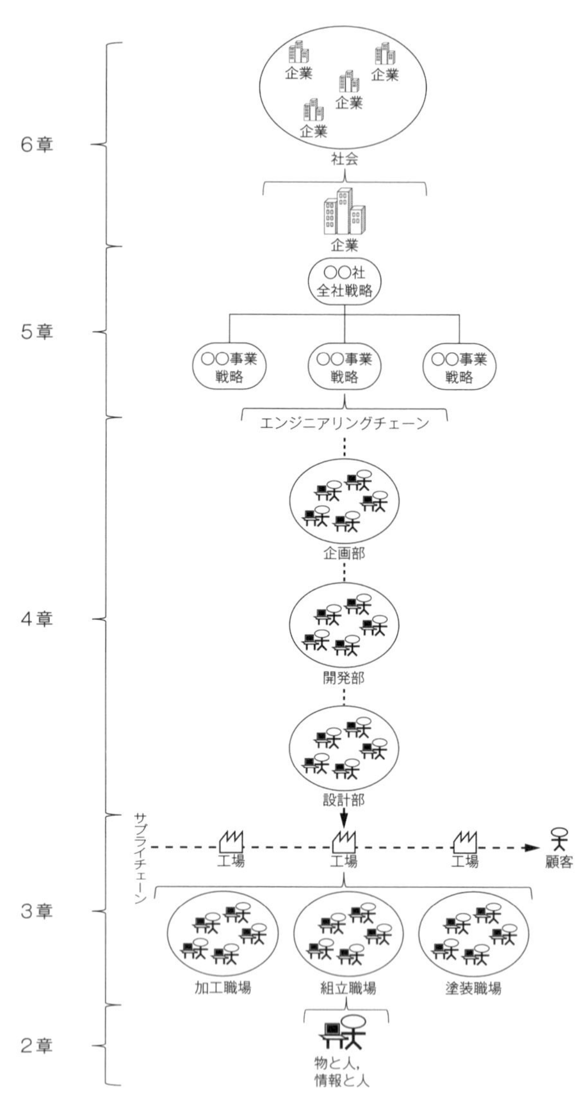
企業
企業
企業
企業
社会
企業
6章
〇〇社
全社戦略
〇〇事業
戦略
〇〇事業
戦略
〇〇事業
戦略
5章
エンジニアリングチェーン
企画部
開発部
設計部
4章
サプライチェーン
工場
工場
工場
顧客
加工職場
組立職場
塗装職場
3章
物と人，
情報と人
2章

図 1.2　本書の構成

は，自身の業務を明確化して，自身がどのような仕事に携わっているのかを表現することが重要である．是非，手を動かしながら，自身の組織内での役割を認識する第一歩を踏み出してほしい．

分析の主体を“人”にすると，その対象者の関わる範囲に検討が限定される．対象者の仕事の全体像は把握できたとしても，職場全体の仕事の流れや状況を掴むことは難しい．第3章では分析の主体を“物”とする．このことにより，人や組織の範囲を超え，職場全体や工場全体の様子を把握することができる．物の流れを可視化することで，対象企業で起きている多くのことを類推することができる．物の流れを生み出している原因を考えることで，多くの想定や気づきに繋がる．そして，この把握は企業を超えてサプライチェーン全体にまで拡がる．サプライチェーンとは，供給業者の繋がりを示している．一般的に一つの製品・サービスを作りだすためには複数のサプライヤー（供給業者）が鎖のように繋がって連携する必要がある．例えば，ものづくり企業であれば，地球資源を出発点として，地球資源の採掘→加工→加工…を繰り返して製品を作り，最終的に顧客に渡る．このような過程では物流を含めて多くの企業が携わっているため，“物”という見方で企業を超えた繋がりまでを掌握することができる．

ものづくり企業においてサプライチェーンは，既存製品の生産販売を表している．これに対して既存製品となるまで，すなわち新製品・サービス開発活動の流れについてはエンジニアリングチェーンと呼ばれる．第4章では分析の主体を“情報”として，この流れを可視化する方法を説明する．企業においては，現行の売上げ及び利益に直結する既存製品の生産販売の位置付けが重要であることはいうまでもないが，企画→開発→設計という流れは企業の未来を創ることになるため，両方のチェーンを効率的にマネジメントすることが不可欠である．“情報”の流れを的確に掴み，どのように生産現場に情報が流れてくるかを把握することは，物と情報の接点の可視化となり，間接的に物の流れの淀みの解消にもなる場合がある．

物や情報を主体として考えることは，人の業務の枠を超えるため，職場，工場，企業というように広域に分析の対象が拡がっていく．その過程で，そもそも“組織とは何か”という疑問にぶつかる．同第4章では，組織についての基礎知識に触れ，組織を分業と調整の視点から捉え，さらに組織構造についても解説をする．

組織について意識するようになると，続いて組織が何に基づいてデザインされているのかに考えが及ぶ．組織をつくってグループ化をすることは，ただ何となくではできない．これは企業の戦略に基づいて組織デザインがされている．戦略とは計画の集まりであり，戦略に基づいて組織がデザインされ，サプライチェーンやエンジニアリングチェーンの具体的活動が開始される．第5章では戦略の基礎知識に触れ，戦略の分類を把握する．特に，全社戦略と事業（競争）戦略の関係性及び位置付けを確認し，自身の業務がどのように関連するかを位置付ける．そして最後に，戦略は何を達成するために策定されるのかというと，企業の進むべき方向性となるビジョンの実現のためとなる．ここではビジョンを作るための考え方を解説する．

以上のように，本書では少しずつ対象の領域を広げて，ビジョン，戦略，組織という経営活動に必要不可欠な概念にたどり着くことになる．自身の業務がどのような職場で実施され，どのような品質の作り込みに繋がり，サプライチェーン及びエンジニアリングチェーンのどの部分を担当しているかを考察してほしい．

図 1.3 は本書で想定している企業の例である．この企業は，複数の事業部門を有し，そのうちの一つが電子機器事業部門であり，複数の部から構成されている．そのうちの一つが製造部であり，複数の課から構成されている．そのうちの一つが製造課であり，ここでの業務を対象としている．なお，対象業務は工場における繰り返し性の高い直接的な作業だけを指すのではなく，繰り返し性を生むまでのプロセスにおける試作や生産導入段階での試行錯誤（初期流動管理），さらには報告書などの書類の作成業務も含んでいる．一般的に仕事は，業種，職種を問わず，粒度の違いはあるが繰り返し性が存在する．また，対象が物か情報かの違いはあるが，対象に対する作用は同じである．読者には，自身の業務に置き換えて，本書のアプローチを採用いただけると幸いである．

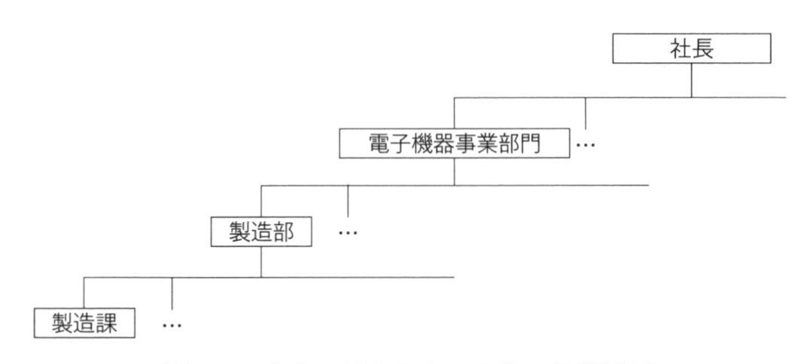

図 1.3　本書の対象とする企業の組織図例

図1.4は，この構造を階層的に示している．最下部に業務（灰色）があり，その業務が課，部，事業の中でどのような位置付けかを示している．上位の層になるにつれて，一業務の役割は割合としては小さいものになっていくが，反対にその業務がないと全体として成立しないということもできる．そして最上位に位置付く企業であるが，これは社会という視点からみると，企業は社会の一構成要素に過ぎない（図1.5参照）．

企業が初めに描くビジョンは，社会に対する役割の宣言であり，経営の方向性を明示していることになる．その役割を計画的に実施していくために戦略があり，その戦略に沿った組織がデザインされ，活動が実施されることとなる．本書を読み進めることで，少しずつ考えの領域が拡がり，企業経営における業務の役割を理解していただきたい．

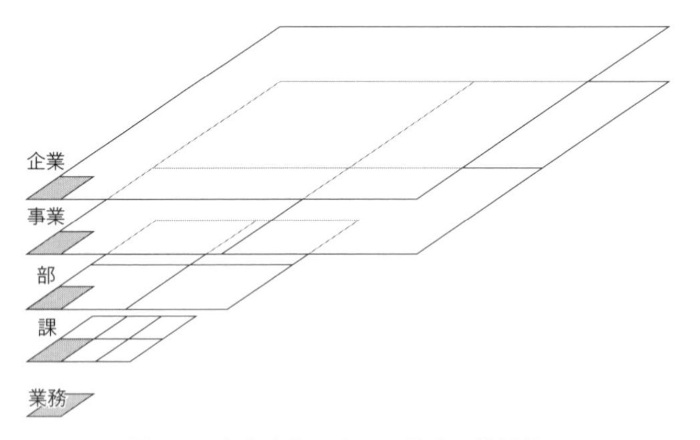

図1.4　企業全体からみた業務の位置付け

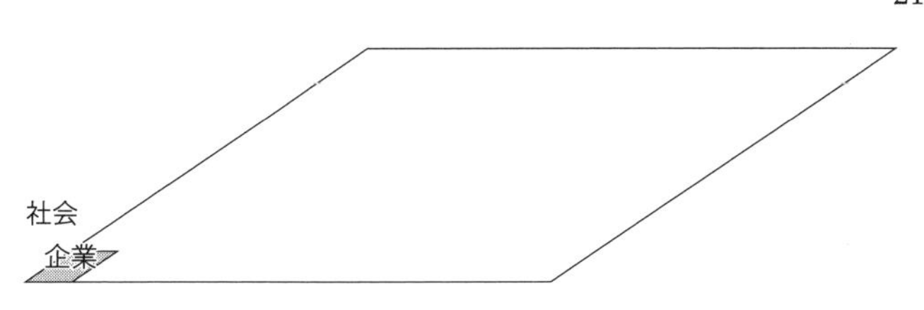

図 1.5　社会全体からみた企業の位置付け

第2章 業務の把握

本章では人を対象として，業務を把握する方法について解説する．現状を把握することは問題解決や課題達成をするための第一歩となる．それは問題の発見や課題の設定をするためには，現在の状態を視ることが不可欠だからである．さらに把握した業務については，改善に導く考え方及び改善の検証についても解説を加える．

現状の業務を表現することは，遠回り感や面倒な思いがつきまとい，なかなか一歩を踏み出せない場合もあるが，自身の業務を自身でコンサルティングするつもりで，是非試していただきたい．

2.1 工程分析（対象：人）

仕事の流れを把握する手法として工程分析[*1]がある．このうち人を主体とした分析に作業者工程分析[*2]があり，ここでは工程分析

[*1] JIS Z 8141:2022 生産管理用語（以下，JIS Z 8141:2022）によると，工程分析とは，“生産対象物が製品になる過程，作業者の作業活動，及び運搬過程を，対象に適合した図記号で表して系統的に調査・分析する手法（5201）”と定義されている．

[*2] JIS Z 8141:2022 によると，作業者工程分析とは，“作業者を中心に作業活動を系統的に工程図記号で表して調査・分析する手法（5203）”と定義されている．

(対象：人）と示している．
この手法の特徴は，対象者の仕事を記号によって表現することを通して，仕事を可視化することである．対象者は記号化を通して自身の仕事と向き合うことになり，さらにその内容を書き出すことで“仕事の区切り”をつけることにもなる．これは無意識に自分が決めている仕事の単位を明示することとなる．どの単位が適正ということはないが，まずは書き出してみることが大切である．多くの仕事が頭に浮かぶこともあると考えるが，その場合は最も量の多い，頻度の高い仕事を対象に，実施している仕事の手順や流れを意識して記述するとよい．

図 2.1 は人を対象とした工程分析（対象：人）で用いる記号の意味である．“○”は人が直接的に仕事をしている様子，“⇨”は人が移動をしている様子，“▽”は動いていない状態，“□”は対象物を確認している様子を示している．工程分析（対象：人）は，人の仕

記号	記号の名称	意味
○	作業	対象物に変化を加えたり，ほかの物と分解したり，組み立てたりする行為
⇨	移動	対象物をある場所から他の場所へ運搬したり，何も持たずに移動したりする行為
▽	手待ち	運搬具の到着待ち，自動加工中の加工終了待ちなど作業者が待っている状態
□	検査	数量または品質を調べたり，基準と照合して判定する行為

図 2.1　工程分析（対象：人）における工程図記号
［出典：野上真裕・木内正光（2023）：連載講座 IE を学ぶ―オフィスにおける情報の流れを考えよう―，QC サークル誌 2023 年 2 月号，日科技連出版社，p.63，図 7 をもとに作成］

事の状況を図 2.1 の記号を用いて表す．図 2.2 は，ある作業者の工程分析（対象：人）の結果である．上から下に向かって時系列を示しており，仕事の順番を示している．

とてもシンプルな記号の表現であるが，書いてみると意外と迷うところがある．まず記号については“どこまで”という領域がないため，記号化を通して一つひとつ仕事を定義していかなければならない（図 2.3 参照）．したがって，“○”の場合であれば，例えば“部品を加工する”と書くと加工の開始から終わりまで，“書類を作

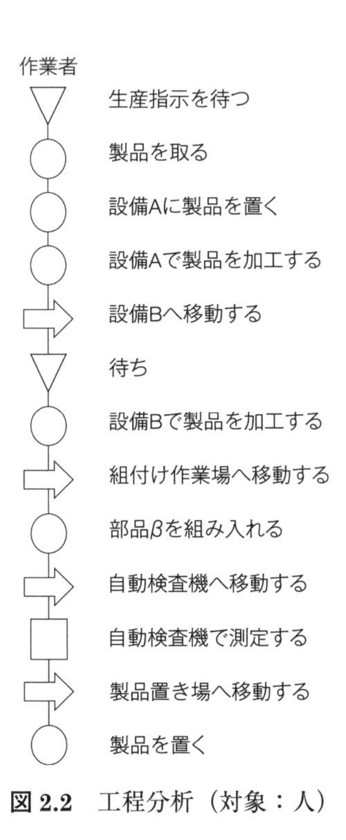

図 2.2　工程分析（対象：人）

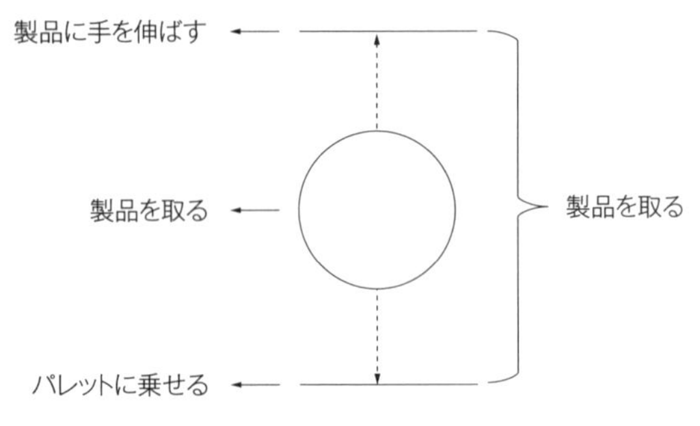

図 2.3　活動と工程記号の関係

成する”と書くと書類の作成開始から終わりまでが一括りとなる．対象を記号化する過程で，普段あいまいに捉えていた仕事を，解像度高く捉えることとなる．

分析結果の見方として，図 2.4 のように整理することができ，各記号の数，距離，時間などの集計ができる．さらに記号の種類として左方向の記号が多いほど，仕事に直接的に寄与する活動が多く，右方向の記号が多いほど，その反対となる活動が多くあることを示している．頭でイメージしている仕事と，分析後の実態とでは異なる場合もあるが，記号化を通してイメージと実体とのすり合わせを行い，新たな認識を持って気づきに繋げていただきたい．

各記号の表現（説明）の仕方であるが，これは VE（Value Engineering：価値工学）における機能表現（名詞＋動詞：○○

[*3] JIS Z 8141:2022 によると，VE とは，“製品又はサービスの価値を向上させることを目的として，それらの必要な機能を最低のライフサイクル・コストで得るために，機能及びコストの釣り合いを研究し，設計及び材料の仕様の変更，製造方法，供給先の変更などを，社内外の知識を総合して，組織的に，永続して行う活動（3114）”と定義されている．

工程名または場所	距離 (m)	時間 (分)	分析記号			
			○	□	⇨	▽
生産指示を待つ		3				●
製品を取る		0.2	●			
設備Aに製品を置く		0.2	●			
設備Aで製品を加工する		1.5	●			
設備Bへ移動する	2	0.2			●	
待ち		2				●
設備Bで製品を加工する		2	●			
組付け作業場へ移動する	1.5	0.2			●	
部品βを組み入れる		2.5	●			
自動検査機へ移動する	2	0.2			●	
自動検査機で測定する		0.5		●		
製品置き場へ移動する	1.5	0.2			●	
製品を置く		0.1	●			
合計	7	12.8	6回 6.5分	1回 0.5分	4回 0.8分	2回 5.0分

図 2.4　工程分析（対象：人）の結果集計

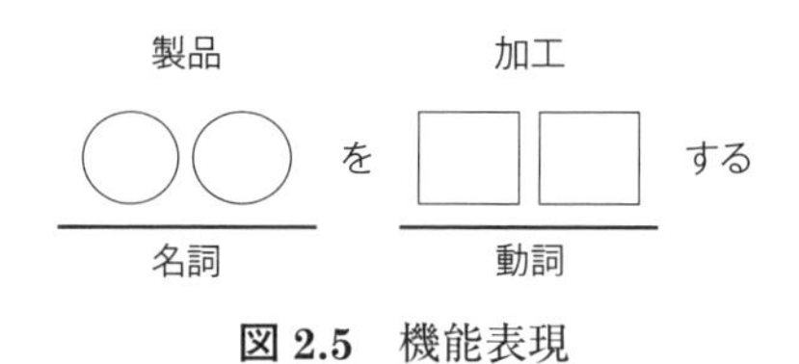

図 2.5　機能表現

を□□する）を用いるとよい*3（図 2.5 参照）．機能表現は，物事のはたらきや目的を明確にするものである．ここでの名詞は仕事の“対象”を示し，動詞は“作用”という見方もできる．したがって，自身の業務にこの表現を用いることで，自身の業務における一つひとつの役割を明確にすることができる．反対にこの表現にすることができない場合，例えば“⇨：会議室に移動する”などは，その記号単体の業務に，はたらきや目的が含まれていないことを意味する[*4]．

機能表現による記述には抽象度がある．上述の“部品を加工する”においては，具体的には“機械を確認する”，“部品を機械に取り付ける”，“機械を操作する”などが含まれ，“書類を作成する”においては，具体的には，“情報を整理する”，“写真データを編集する”，“文章を入力する”などが含まれている場合がある．このような抽象度の整理については2.2節で解説する．

以上のことより，工程分析（対象：人）は人の仕事の流れについて記号化を通して可視化することが可能であることがわかる．仕事の流れを把握することができれば，対象者が担当する一つひとつの仕事が明確になり，その繋がりを把握することができる．例えば順番の良し悪しや省略の可能性など，生産性の向上について検討を図ることができる．さらに，“○”については直接的な仕事を示すが，機能表現による説明により対象が明確になるため，“○”の中で選別することができ，実際に最も大切な仕事となる製品・サービスに対して，どの程度携わっているかが明らかになる[*5]．その仕事こそが最も作り込むべき品質となるため，品質を形成する箇所を的確に特定することにも繋がる．

一般的に工程分析は生産性向上を目的としたIE[*6]（Industrial

[*4] 目的を持った表現にする場合は，“営業情報を運ぶ”や“顧客情報を運ぶ”となる．

[*5] “○○を□□する”という表現における“○○”に，製品サービス名が入るかどうかで確認できる．

Engineering：経営工学）手法のカテゴリに入るが，上記のように品質向上にも繋がるといえる．サービス産業などの顧客接点を持つ企業においては，担当者の仕事の流れのどの部分において顧客と接するのかを把握することで，その準備や意識のあり方を検討することが可能となる[*7]．

2.2 業務機能展開

2.1 節では人の仕事の流れをもとに業務を把握する方法を解説した．本節では抽象度の概念を加えて，仕事の構造を可視化する業務機能展開[*8]を解説する（表 2.1 参照）．2.1 節の方法との関係は，まずは仕事の流れを可視化し，問題や課題となる箇所を本節の方法で構造を把握すること［工程分析（対象：人）→業務機能展開］が考えられる．また，仕事の種類が豊富かつ煩雑で，そもそも流れとして書き出すこと自体が難しい場合は，本節の方法をもとに，現状

*6 JIS Z 8141:2022 によると，IE とは，“経営目的を定め，それを実現するために，環境（社会環境及び自然環境）との調和を図りながら，人，物（機械，設備，原材料，補助材料，エネルギーなど），金，情報などを最適に計画し，運用し，統制する工学的な技術・技法の体系”と定義されている．

*7 最前線の従業員の 15 秒間の接客態度が企業の成功を左右する MOT (Moment of trues：真実の瞬間）が，どこに発生するかを特定することができる［参考：QC サークル誌 2007 年 7 月号普及推進“サービス業で改善に役立つツール”，日本科学技術連盟（2007)］．

*8 JIS Q 9025:2003 マネジメントシステムのパフォーマンス改善—品質機能展開の指針（以下，JIS Q 9025:2003）によると，業務機能展開は“品質を形成する業務を階層的に分析して明確化する方法”と定義されている．

表 2.1　業務機能展開例（抽象度の展開）

抽象的 ⟺ 具体的

1次	2次	3次
製品を企画する	現状を把握する	市場動向を調査する
		現行製品の品質特性上の課題を把握する
		現行製品のコスト上の課題を把握する
		現行製品の生産上の課題を把握する
		競合他社品の諸特性を把握する
	将来動向を予測する	社会動向を分析する
		市場規模の動向を予測する
		競合他社品の動向を分析する
		特許動向を分析する
	開発目標を設定する	・・・
		・・・
		・・・
		・・・
		・・・
		・・・
		・・・

の業務を把握することも有効である．

業務機能展開は，品質機能展開[*9]における人の業務を対象とした場合の情報整理のアプローチである．品質機能展開の最も有名な“品質表[*10]”は，物を中心とした情報の整理である品質展開[*11]の結果であり，顧客ニーズに潜む品質を言語化し，製品における品質と

[*9] JIS Q 9025:2003によると，品質機能展開は“製品に対する品質目標を実現するために，様々な変換及び展開を用いる方法論”と定義されている．

[*10] JIS Q 9025:2003によると，品質表は“要求品質展開表と品質特性展開表とによる二元表”と定義されている．

[*11] JIS Q 9025:2003によると，品質展開は“要求品質を品質特性に変換し，製品の設計品質を定め，各機能部品，個々の構成部品の品質，及び工程の要素に展開する方法”と定義されている．

対応付けした結果である．一方，業務機能展開は物に品質を作り込むための人の業務を中心とした情報の整理である．

一つひとつの業務については，2.1節のように，対象業務を“名詞＋動詞”で示すことにより業務を明確にする（図2.5参照）．そして表2.1に示すように，包含関係を明確にし，抽象度の整理を行う．抽象度の整理により，一つひとつの構成要素に分解ができるため，業務の大きさを的確に把握することができる．例えば，“競合他社の製品情報を把握する”という業務があった場合，“競合他社を選定する”，“競合他社の製品・サービス情報を取得する”などの要素に分かれ，さらに“競合他社を選定する”の中には，“既存市場における売上情報を入手する”，“営業部より，競合他社情報を入手する”などが含まれる．また，業務機能展開における一つの気づきとして，例えば自身の業務を“作業標準書を作成する”や“企画書を書く”という理解をしているケースにおいて，対象を具体的にすることにより，作業標準書や企画書に記載されるべき情報に目が向くこととなる（図2.6参照）．つまり，書類という物ではなく，情報を扱っている意識を持つことができる．

このような抽象度の整理は，一つひとつの業務の大きさを的確に定義するだけでなく，一つひとつの業務の品質保証項目を考案することが大切である（図2.7参照）．例えば，上述の“既存市場における売上情報を入手する”に対する品質保証項目は，販売店の情報なのか，過去何年分必要なのか，どのぐらいの調査期間が許容されるのかなどである．

品質保証項目を的確に導出するためには，上記のように一つひと

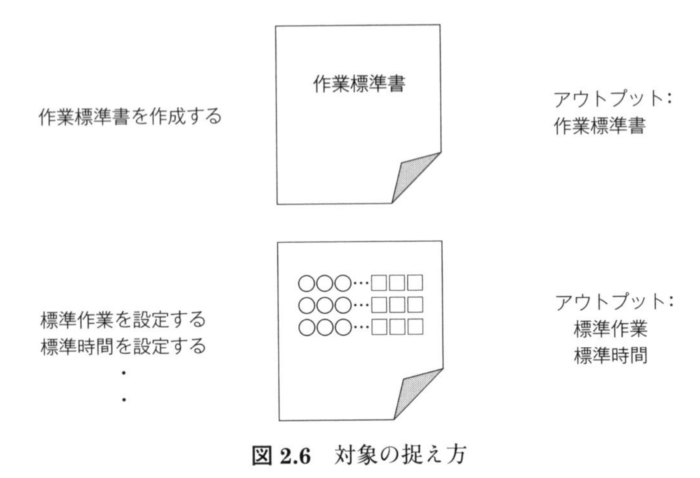

図 2.6　対象の捉え方

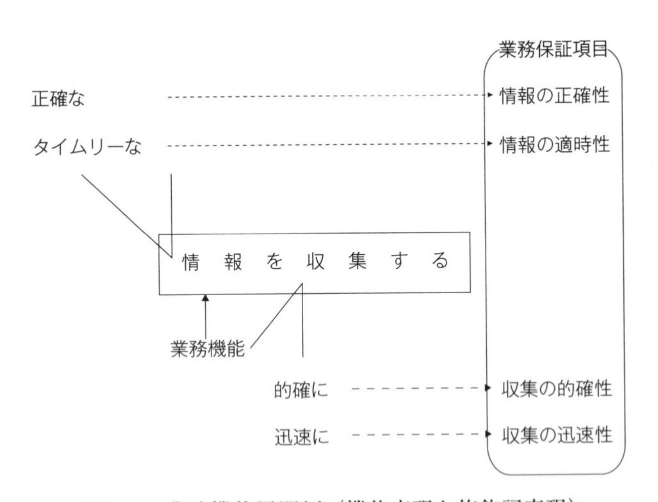

図 2.7　業務機能展開例（機能表現と修飾詞表現）

［出典：日科技連 QFD 研究部会（2009）：第3世代の QFD 事例集，日科技連出版社，p.112，図2をもとに作成］

つの言葉を具体的にすることに加えて，品質表現を加えて意識することも大切である．ここで品質表現とは，機能表現を修飾する形容詞や副詞の言葉である．上記例における“既存市場における売上情報を入手する”であれば，“売上情報”については，正確な，最新の，などがあり，“入手する”については，迅速に，一定の頻度でなどがある．

品質保証項目を導出することにより，一つひとつの業務に要求される品質が明確になる．“正確な”であれば，どのような情報源をもとにすればよいかがわかり，“迅速な”であれば，許容されるリードタイムが明らかになる．そして最も重要な点は，これらの具体的な項目は暗黙知になっている可能性があることと，保証項目を設定するためには業務の対象が後工程でどのように使用されるかが明らかになっている必要があることである．すなわち後工程との話し合いにより，これらが決まってくる．なお，どこまで業務の階層化を行うかであるが，これには決まりがなく，結果的に3段階の階層化をしている文献が多く見受けられる．これは表現に修正を加えて結果的に粒度が落ち着く数であるということと，品質保証項目が導出しやすい単位，すなわち後工程の業務との関連性が見えてくる数であると考える．

2.3　改善の検討

2.2節で抽象度や品質保証項目も含めて，個々の業務が明確になる．明確になった業務については，改善の可能性を検討するこ

表 2.2　業務への ECRS の問い掛け（対応する場合は“○”を記載）

1次	2次	3次	E	C	R	S
製品を企画する	現状を把握する	市場動向を調査する				
		現行製品の品質特性上の課題を把握する				
		現行製品のコスト上の課題を把握する				
		現行製品の生産上の課題を把握する				
		競合他社品の諸特性を把握する				
	将来動向を予測する	社会動向を分析する				
		市場規模の動向を予測する				
		競合他社品の動向を分析する				
		特許動向を分析する				
	開発目標を設定する	・・・				
		・・・				
		・・・				
		・・・				
		・・・				
		・・・				
		・・・				

とが重要である（表 2.2 参照）．本節では改善の考え方として，ECRS [*12] を解説する．ECRS は業務への問い掛けの順となり，E の改善効果が最も大きく，大きい順に E → C → R → S となる．

E（Eliminate：なくせないか）は，対象業務をなくすことであり，その業務の存在の意味を問うことである（図 2.8 参照）．“そもそも，その業務を実施する目的は何か”という問い掛けである．具体的には，引継ぎなどで慣習や慣例的に実施している業務は，日常業務に埋もれて暗黙的な存在となっており，なかなかその業務の目

[*12] JIS Z 8141:2022 によると，ECRS とは，“工程，作業，又は動作を対象とした改善の指針又は着眼点として用いられ，排除（Eliminate：なくせないか），結合（Combine：一緒にできないか），交換（Rearrange：順序の変更はできないか）及び簡素化（Simplify：単純化できないか）のこと (5306)”と定義されている．

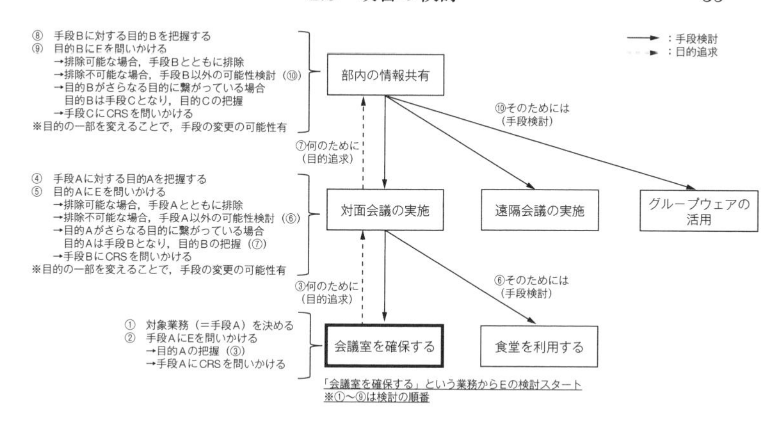

図 2.8　E の問い掛けによる業務の検討

［出典：木内正光（2021）：特集成果につなげる③発想力をつける―改善の発想を促す「ECRS」―，QC サークル誌 2021 年 9 月号，p.15，図 2，日科技連出版社］

的や存在意義を疑問視できていない場合がある．対象業務が最終的に何らかの製品・サービスに繋がり，顧客に影響を及ぼすことや，企業の社会的意義などのために必要なことであれば問題ないが，その業務の行き着く先が不明確な場合がある．対象業務の行き着く先を探すためには，人を主体とするのではなく，仕事の対象となる物や情報を主体とし，仕事の流れを可視化する必要がある．これについては第 3 章，第 4 章で触れることとする．

また，E の問い掛けは，対象業務に対する目的を追求することで，他の代替手段の検討（CRS）をすることができる．図 2.8 は“会議室を予約する”という業務に問い掛けているが，目的を追求することで，他の方法を検討することに繋がっていることがわかる．

改善というと，後述する CRS のイメージが強いと考える．これは，改善が“工夫”という印象を併せ持つことに起因すると考えられる．しかしながら，最も効果が大きいのは対象業務の目的を追求し，対象業務そのものをなくすことである．対象業務ありきではなく，Eから改善の検討を行っていただきたい．

C（Combine：一緒にできないか）の問い掛けは，対象業務を他の業務と組み合わせて，トータルの作業時間を短縮するなどの効果を期待するものである．まとめることによる効率については，一つひとつ実施すると，その都度準備を要してしまうが，二つ一緒にすることによって準備の手間を省くことができる．また，対象業務の中で重複している要素を見つけて，効率を向上させることも挙げられる．さらに，類似の業務をまとめて対象とすることによって，検討時間などが効率的になる場合もある．

R（Rearrange：順序の変更はできないか）の問い掛けは，順番の変更による効果を狙ったものである．順番を変更することによって，全体としての業務の効率が上がるだけでなく，品質も向上する可能性がある．例えば，営業活動などで，すべての準備を整えてから交渉を開始するのではなく，先にある程度交渉を開始し，確約が見込めそうになったときに，各部署に依頼して必要書類の準備をするなどが挙げられる．日常生活においても，この視点で見ると，多くの改善の芽が見つかることが多い．

S（Simplify：単純化できないか）の問い掛けは，対象となる業務を何らかの工夫により短い時間で実現できないかを検討する（時間の測定については，2.4 節参照）．機械化や IT 化などによる作業の効率化であるが，この視点のベースとなるのは，対象を分解して

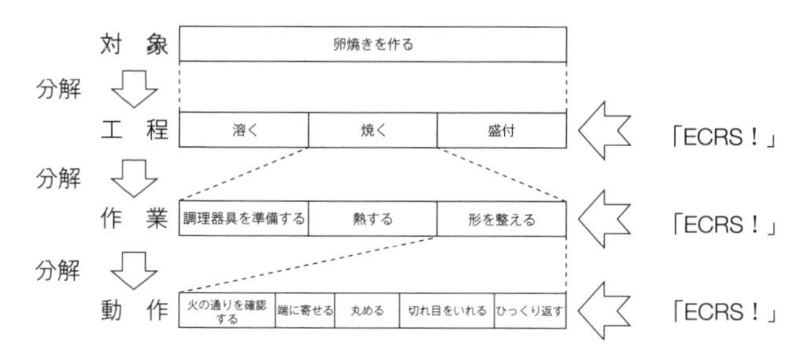

図 2.9　S の問い掛け（例：卵焼き料理）
［出典：木内正光（2023）：連載講座 IE を学ぶ―IE による対象の見方・考え方―，QC サークル誌 2023 年 1 月号，p.59，図 6，日科技連出版社］

視ることである．図 2.9 のように，どの部分を単純化するのかを決めるため，工程，作業，動作といった順に分解して考える．はじめに工程の視点で分割し，分割された一つひとつの対象（単位）について上述の ECRS を問い掛ける．そしてさらに，作業，動作と細かな視点を用いて，ECRS を問い掛け，単純化の可能性を探っていく．

ECRS より，改善の方向性を検討することが可能となる．とてもシンプルな問い掛けであるが，一つひとつの業務を四つの視点から見直すことができる．さらに業務機能展開との連動により，様々な角度から現状の業務を理解し，改善に導くことができる．対象を定義し，抽象度を整理し終えたら，ECRS の問い掛けを実施していただきたい．

2.4 時間の観点

2.1～2.3節では，業務を把握する方法を解説した．なんとなく把握している業務，暗黙的に理解している業務を書き出すことを通して，仕事の流れ，抽象度，品質保証項目，改善の検討が可能となる．

本節では，これらに“時間”という観点を加える．ECRSによる改善を行ったとしても，実際にどの程度効果があったかは，時間を測定してみないと把握ができない．改善の効果を客観的に判断するためにも，時間値は不可欠である．また，仕事量を測る工数[*13]や業務開始から完了までのリードタイムの把握など，時間の概念は現場と管理を繋ぐ接点にもなる．

一方，時間を把握するためには必ず測定や集計が伴うことを意味し，この行動自体に工数がかかる．また，測定や集計の方法についても，対象とする業務の特徴や測定後の時間値の使い方によって変える必要がある．

本節では，はじめに時間という概念の重要性を示し，時間値の測定方法を解説する．さらに2.5節では時間値を用いた改善の評価を行うための検定・推定について解説する．

2.4.1 業務，時間，計画，経営の関係

図2.10は，一つひとつの業務が経営に結び付くまでの関係を示している．ものづくり工場の現場における直接作業では，この業務

[*13] JIS Z 8141:2022によると，工数とは，“仕事量の全体を表す尺度で，仕事を一人の作業者で遂行するのに要する時間（1227）”と定義されている．

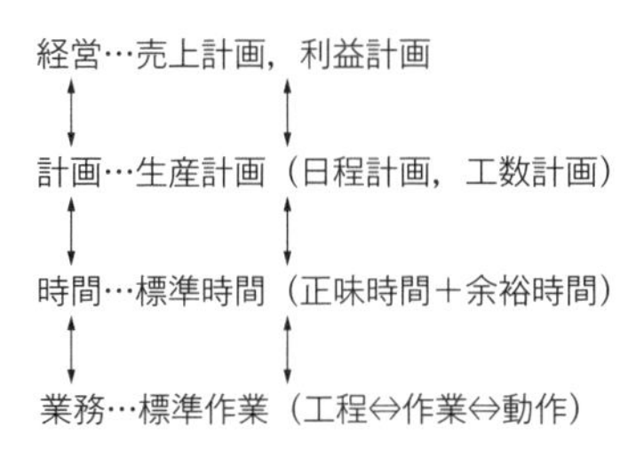

図 2.10　業務，時間，計画，経営の関係

は作業となり，標準的な作業方法を確定したものが標準作業[*14]である．標準作業を設定するためには，工程⇔作業⇔動作という視点で作業を流れや構成要素に分解しながら解析し，その過程で品質を作り込む作業や動作についても認識することが不可欠である．そして求められる品質保証項目（2.2 節参照）を達成するための標準的な時間が標準時間[*15]である．標準時間は正味時間と余裕時間の和で構成され，この設定により作業と時間が結び付き（作業＝時間），生産計画などの管理資料として活用することができる．標準時間については，2.4.2 項で詳細を解説する．

一つひとつの業務に標準時間が設定されることにより，上述のものづくりの現場であれば日程計画[*16]や工数計画[*17]を作成すること

[*14] JIS Z 8141:2022 によると，標準作業とは，“製品又は部品の製造工程全体を対象にした，作業条件，作業順序，作業方法，管理方法，使用材料，使用設備，作業要領などに関する基準の規定（5501）”と定義されている．

[*15] JIS Z 8141:2022 によると，標準時間とは，“その仕事に適性をもち，習熟した作業者が，所定の作業条件の下で，必要な余裕をもち，正常な作業ペースによって仕事を遂行するために必要とされる時間（5502）”と定義されている．

が可能となる．そして何にどの程度の時間がかかるかが把握されることで，リードタイムの見積りができ，顧客の納期との関係が明確になる．例えば，システム設計の現場においては，システム設計全体の日程や，一人ひとりにおけるプログラミングのコーディングなどのための工数に該当する．

このような工場全体あるいは企業全体における計画が作成されることは，ある期間の生産量を見積もることができることと同意である．マーケティングや営業活動との関係もあるが，今期の売上計画や利益計画の見通しが立つため，対象組織の経営に影響することになる．

以上のことより，一つの業務が時間→計画→経営と繋がることを示した．生産現場の改善活動を例とすると，ある作業の改善を標準作業に反映させることにより，現行の標準時間が短縮され，生産性の高い生産計画の作成に繋がり，売上げに貢献する道筋が見えてくる．

2.4.2　標準時間の概念

業務を遂行するための標準時間は，正味時間*18 と余裕時間*19 から構成される．正味時間と余裕時間の違いは，発生の仕方である．

---

*16 工場における製品や部品の生産量と生産時期を定めた計画である（生産管理用語辞典[26]）．

*17 生産計画によって決められた製品別の納期と生産量に対して，仕事量を具体的に決定し，それを現有の人や機械の能力と対照して，両者の調整を図っていくことである（生産管理用語辞典[26]）．

*18 JIS Z 8141:2022 によると，正味時間とは，“主体作業，及び準備段取作業を遂行するために直接必要な時間（5503）”と定義されている．

*19 JIS Z 8141:2022 によると，余裕時間とは，“作業を遂行するために必要と認められる遅れの時間（5504）”と定義されている．

正味時間は規則的であるのに対して，余裕時間は不規則である．これは測定方法に直結し，正味時間は対象業務が規則的に発生するため比較的容易に測定ができるが，余裕時間は対象業務について発生の仕方が不規則となるため，直接測定することは困難である．そのため，割合（余裕率*[20]）を使って表現し，正味時間に乗じる形で標準時間を設定する．

ここで，余裕時間を含めることの大切さは，何より品質に影響することである．正味時間はあくまで対象業務を完了するまでの時間である．一方余裕は，その業務を達成するために必要な余裕であるため，図面の読込みや打合せなども含まれる．また，この余裕の中身は，対象企業のビジネスの特徴に起因する影響が大きい．例えば工場においては，生産形態*[21]によって大きく異なることがある．見込生産*[22]においては，繰り返し性が高く，顧客の需要を見越して企業側で計画を立案するため，生産性の高いものづくりが実現される．したがって，計画数に基づく生産が，かなり高い確率で実行できることとなり，設備トラブルなどの企業側のアクシデント以外，生産が止まることは少ない．すなわち，余裕の割合は少なく見

*[20] 余裕率は稼働分析によって求めることができる．JIS Z 8141:2022（生産管理用語）によると，稼働分析とは“作業者又は機械設備の稼働率若しくは稼働内容の時間構成比率を求める手法（5209）”と定義されている．

*[21] JIS Z 8141:2022によると，生産形態とは，“与えられた市場，経営，技術などの環境条件の下で生産を行う形態（1202）”と定義されている（第3章コラム詳細）．

*[22] JIS Z 8141:2022によると，見込生産とは，“生産者が市場の需要を見越して企画・設計した製品を生産し，不特定な顧客を対象として市場に出荷する形態（3203）”と定義されている．

積もって与えても問題がない．

一方，対極に位置する受注生産[*23]においては，顧客のオーダーに基づいて生産を実施するため，繰り返し性が低く，計画的な生産が困難である．この場合は，適宜オーダーの確認や生産順序の変更などのために，余裕の割合を多く見積もって与える必要がある．

2.4.3　測定手法

時間値の測定手法について記述する．詳細については別の文献に譲ることにするが，ここでは各測定手法の利欠点について解説する．表2.3は主な測定手法の一覧であり，適する作業，レイティング[*24]，余裕時間付加，精度，特徴により分類される．

(1)　ストップウォッチ法

ストップウォッチ（時間研究[*25]）による作業時間の測定であるが，ポイントは作業の定義にある．どこからどこまでを作業と定義するかが決まらないと，時間値を測定することはできない．対象作業を幾つかの構成要素（単位作業[*26]又は要素作業[*27]）に分けて，作業時間を観測する（図2.11参照）．そして作業時間のばらつ

[*23] JIS Z 8141:2022によると，受注生産とは，“顧客が定めた仕様の製品を生産者が生産する形態（3204）”と定義されている．

[*24] JIS Z 8141:2022によると，レイティングとは，“時間観測時の作業速度を基準とする作業速度と比較・評価し，レイティング係数によって観測時間の代表値を正味時間に修正する一連の手続（5508）”と定義されている．

[*25] JIS Z 8141:2022によると，時間研究とは，“作業を要素作業又は単位作業に分割し，その分割した作業を遂行するのに要する時間を測定する手法（5204）”と定義されている．

表 2.3　測定手法の特徴

手法	適する作業	レイティング	余裕時間付加	精度	特徴
ストップウォッチ法（時間研究）	サイクル作業	有	要	高	実施が容易
PTS法	短いサイクル作業 繰返しの多い作業	無	要	高	分析に時間がかかる
標準時間資料法	同じ要素作業の発生が多い作業	無	要	やや低	標準資料の整備に時間がかかる
実績資料法	個別生産で繰返しの少ない作業	無	不要	低	設定に費用がかからず迅速

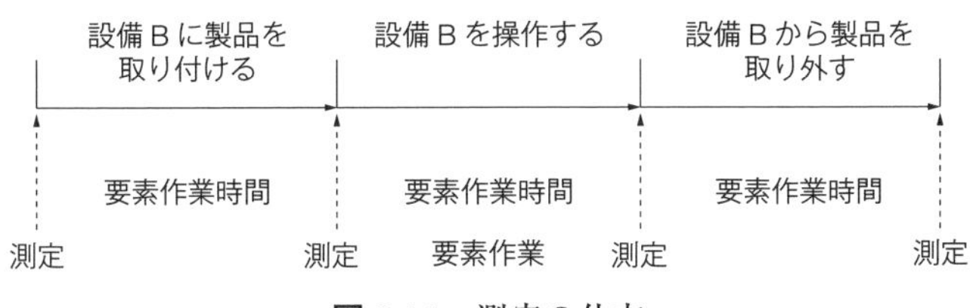

図 2.11　測定の仕方

きなどを見て標準作業を確立させ，最終的にレイティングによる作業スピードの調整を行い，正味時間を設定する．これは測定が伴うため，ある程度，繰り返し性が高い作業が適しており，標準時間を求める際はレイティングと余裕時間の付加が必要となる．ストップウォッチ法は実施が容易であるため，ものづくり現場における直接的な作業だけでなく，書類作成などの間接的な作業においても活用可能である．

---

*26　JIS Z 8141:2022 によると，単位作業とは，“一つの作業目的を遂行する最小の作業区分（5109）”と定義されている．

*27　JIS Z 8141:2022 によると，要素作業とは，“単位作業を構成する要素で，目的別に区分される一連の動作又は作業（5110）”と定義されている．

(2)　PTS法

PTS（Predetermined Time Standard system：既定時間標準）法[*28]は，人の動作に対して，あらかじめ設定されている動作時間標準表を用いて，正味時間を設定する方法である（表2.4参照）．PTS法には幾つかの種類があり，その違いは対象動作に対応した動作時間標準表の粒度などの違いである．PTS法はレイティングの必要はないが，余裕時間の付加は必要である．また，実際にものづくり現場がない状態であっても机上で標準時間を見積もる利点が

表2.4　MTM（Methods Time Measurement）法における動作時間標準表の一部［手をのばす（Reach：R）］

距離(cm) ＼ タイプ	Ⅰ				Ⅱ	
距離(cm) ＼ ケース	A	B	C・D	E	A	B
2以下	2.0	2.0	2.0	2.0	1.6	1.6
4	3.4	3.4	5.1	3.2	3.0	2.4
6	4.5	4.5	6.5	4.4	3.9	3.1
8	5.5	5.5	7.5	5.5	4.6	3.7
10	6.1	6.3	8.4	6.8	4.9	4.3
12	6.4	7.4	9.1	7.3	5.2	4.8
14	6.8	8.2	9.7	7.8	5.5	5.4
16	7.1	8.8	10.3	8.2	5.8	5.9
18	7.5	9.4	10.8	8.7	6.1	6.5
20	7.8	10.0	11.4	9.2	6.5	7.1
22	8.1	10.5	11.9	9.7	6.8	7.7
24	8.5	11.1	12.5	10.2	7.1	8.2
26	8.8	11.7	13.0	10.7	7.4	8.8
28	9.2	12.2	13.6	11.2	7.7	9.4
30	9.5	12.3	14.1	11.7	8.0	9.9
35	10.4	14.2	15.5	12.9	8.8	11.4
40	11.3	15.6	16.8	14.1	9.6	12.8
45	12.1	17.0	18.2	15.3	10.4	14.2
50	13.0	18.4	19.6	16.5	11.2	15.7
55	13.9	19.8	20.0	17.8	12.0	17.1
60	14.7	21.2	22.3	19.0	12.8	18.5
65	15.6	22.6	23.6	20.2	13.5	19.9
70	16.5	24.1	25.0	21.4	14.3	21.8
75	17.3	25.5	26.4	22.6	15.1	22.4
80	18.2	26.9	27.7	23.9	15.9	24.2

タイプⅠ	作業の始点と終点の両方が止まっている場合
タイプⅡ	作業の始点または終点のどちらかで手が動いている場合
タイプⅢ	作業の始点と終点の両方で手が動いている場合

＊タイプⅢの計算
mRxAm=RxA-2(RxA-mRxA)
xは距離を表しています．
Aはケースを表しています．但し，ケースC，Dは現実的に起こりません．

ケースA	単一の目的物が決まった位置にある場合
ケースB	単一の目的物が作業サイクルごとに少しずつ位置を変える場合
ケースC	多数の目的物の中の一つに手をのばす場合
ケースD	非常に小さい（3mm以下）単一の目的物に手をのばす場合
ケースE	手を身体の自然な位置に戻す場合

表記の仕方
例　動作距離：50cm
　　ケース　：A
　　タイプ　：Ⅲ

［出典：並木高矣・倉持茂（1970），作業研究，p.124，表6.2，日刊工業新聞社，
永井一志・木内正光・大藤正（2007），IE手法入門，p.109，表8.5，日科技連出版社］

---

*28　JIS Z 8141:2022によると，PTS法とは，“人間の作業を，それを構成する基本動作にまで分解し，その基本動作の性質と条件とに応じて，あらかじめ決められた基本となる時間値から，その作業時間を見積もる方法(5205)”と定義されている．

あるが，習得には時間を要する．

(3) 標準時間資料法

標準時間資料法[*29]は，標準時間を固定要素と変動要素に分離し，変動要素については過去データを活用しやすい形式に整備し，組合せにより標準時間を見積もる方法である．例えば，縫製作業などは，準備については共通した時間がかかり，距離によって作業時間が変化するため，準備を固定要素，縫製距離を変動要素としておくことで，受注内容に応じた作業時間の見積りが可能となる（図 2.12 参照）．標準時間資料法は，PTS 法と同じくレイティングの必要はないが，余裕時間の付加は必要である．一つひとつのオーダーの繰り返し性は少ないが，ベースとなる部分は共通しており，組合せで対応できる作業に適した方法である．

(4) 実績資料法

実績資料法はその名の通り，過去の実績時間を整理して，時間値を見積もることである．実績時間を用いるため精度は低いが，レイティングや余裕時間付加の必要がないため，異常値除去や層別などを施した上で活用ができる．繰り返し性が少ない場合において効果を発揮し，例えば営業活動などの間接業務でも活用ができるため，活用領域は広い．図 2.13 は過去の顧客接触時間を顧客企業別及び

[*29] JIS Z 8141:2022 によると，標準時間資料法とは，“作業時間のデータを分類・整理して，時間と変動要因との関係を数式，図，表などにまとめたものを用いて標準時間を設定する方法（5506）” と定義されている．

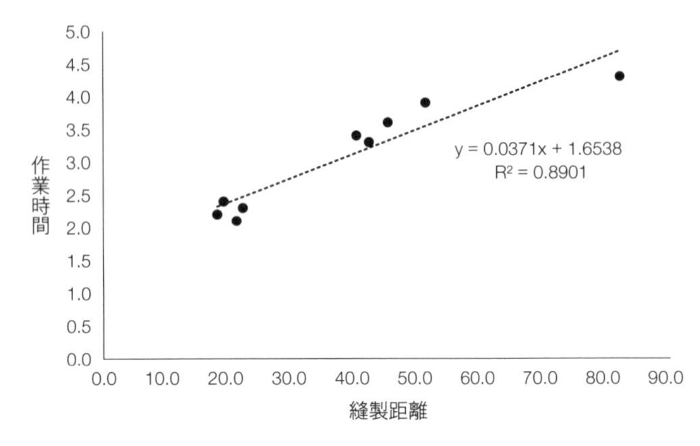

図 2.12　縫製距離と縫製時間の関係
(標準時間資料法)

目的別に整理しており，営業パーソンがあらかじめどの程度の時間を要するかが把握できるようになっている．

2.5 改善効果の検証

本章の最後に，改善効果の検証について解説する．前節で時間の測定について触れた．この結果，ECRS（2.3 節参照）で改善の検討をして実施した後，実際の効果を検証することができる．ここではその効果を効率的に検証する方法として，統計的検定・推定について解説する．

2.5.1　基本統計量

はじめに現状把握で一般的に用いられる基本統計量として，中心

目的 顧客企業	ニーズ収集	新製品・新サービス紹介 （概要）	契約作業	アフターフォロー	・・・
QC 商事	○○（分） ○○（分） ：	○○（分） ○○（分） ：	○○（分） ○○（分） ：	○○（分） ○○（分） ：	○○（分） ○○（分） ：
IE 工業	○○（分） ○○（分） ：	○○（分） ○○（分） ：	○○（分） ○○（分） ：	○○（分） ○○（分） ：	○○（分） ○○（分） ：
OR 製作所	○○（分） ○○（分） ：	○○（分） ○○（分） ：	○○（分） ○○（分） ：	○○（分） ○○（分） ：	○○（分） ○○（分） ：
・	○○（分） ○○（分） ：	○○（分） ○○（分） ：	○○（分） ○○（分） ：	○○（分） ○○（分） ：	○○（分） ○○（分） ：

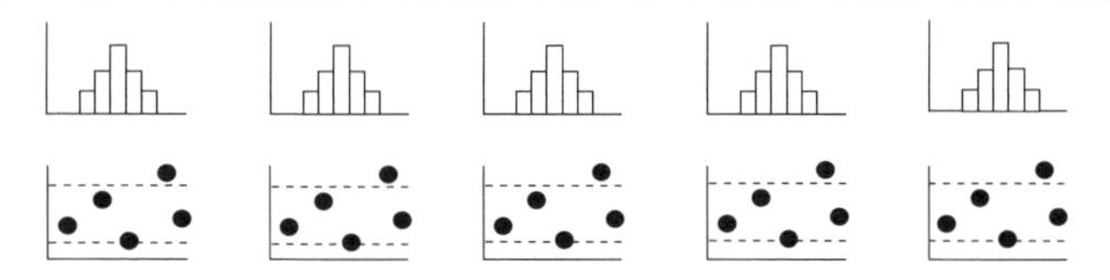

図 2.13　顧客接触時間の整理（実績資料法）
［出典：高村航・木内正光（2023）：連載講座 IE を学ぶ―営業パーソンのスケジュールを考えよう―，QC サークル誌 2023 年 5 月号，p.60，図 5，日科技連出版社］

的傾向とばらつきの傾向を示す統計量について解説する．中心的傾向については目標値との差がどの程度か，ばらつきの傾向については 0 に近いほど，ばらつきが小さい（精度が高い）ことを意味するため，現在どの程度の大きさなのかを把握することができる．中心的傾向については平均値，ばらつきの傾向については範囲，平方和，分散，標準偏差が用いられる．

対象データ，n：サンプルサイズ（$n=10$），単位：秒

53.4，49.6，51.0，51.2，54.0，51.9，48.0，52.2，48.2，51.5

（1）　平均値（$\bar{x}$）

$$\bar{x}=\frac{x_1+x_2+\cdots+x_n}{n}=\frac{\sum_{i=1}^{n}x_i}{n} \qquad (1)式$$

(53.4＋49.6＋51.0＋51.2＋54.0＋51.9＋48.0＋52.2＋48.2＋51.5)÷10＝51.1

（2）平方和（S）

$$S=\sum(x_i-\bar{x})^2=\sum x_i^2-\frac{\left(\sum x_i\right)^2}{n} \qquad (2)式$$

$(53.4^2+49.6^2+51.0^2+51.2^2+54.0^2+51.9^2+48.0^2+52.2^2+48.2^2+51.5^2)-(53.4+49.6+51.0+51.2+54.0+51.9+48.0+52.2+48.2+51.5)^2\div10=36.00$

（3）　分散（V）

$$V=\frac{S}{n-1} \qquad (3)式$$

36.0÷(10－1)＝4.00

（4）　標準偏差（s）

$$s=\sqrt{V} \qquad (4)式$$

$\sqrt{4}=2.00$

2.5.2　ヒストグラムと分布

生産現場における組立職場において，ある程度作業に慣れた作業者に対して作業時間の測定をしたとする．図 2.14 は，作業時間を 100 回測定して，ヒストグラムを描いたものである．ヒストグラムでは，横軸に事象，縦軸に事象が現れる回数（度数）となる．例えば図 2.14 では，作業時間が 49.95〜50.75 秒*30 の間となることが 22 回であったことを示している．このヒストグラムは 49.95〜50.75 秒の事象の回数が多数現れ，45.95〜46.75 秒*31 又は 53.95〜54.75 秒*32 の事象の回数が少ないことがわかる．生産現場の作業で説明を加えると，この組立作業は概ね 50.35 秒［(49.95＋50.75)÷2］秒で完了するが，わずかであるが，46.35 秒［(45.95＋46.75)÷2］という速い時間で完了することもあれば，54.35 秒

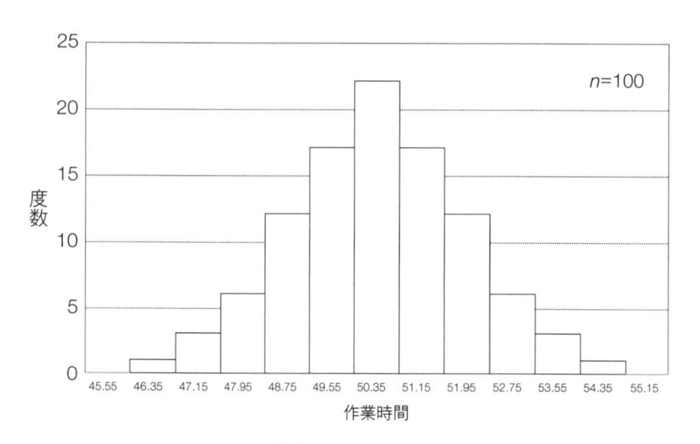

図 2.14　作業時間のヒストグラム

*30　区間の中心の表記が“50.35”の箇所である．

[(53.95+54.75)÷2] という遅い時間で完了することもあることを示している．

熟練の作業者の場合については，いつも全く同じ時間で完了することはできないが，概ね完了する時間と，わずかに起こる速い時間と遅い時間の完了の差が小さい．すなわち，安定感のある作業ができることを意味している．これをばらつきという表現を用いると，熟練者は作業時間ばらつきが小さいとなる[*33]．

ヒストグラムは棒により度数を表しているが，大切なことは一つひとつの棒ではなく，全体の形にある．ここで，作業者の熟練度による作業時間の違いは，ヒストグラムでいえば，中心の位置と，左右の位置の違いであると表現できる．これを曲線で当てはめてシルエットを描いてみると，図 2.15 のようなものが描ける．これに上記で解説したヒストグラムでわかったことを引き継ぐと，中心付近は回数が多く，中心から離れるほど回数が少なくなるという意味になる．これを確率という角度から，中心ほど起こる確率が高く，中心から離れるほど起こる確率が低くなると表現できる．作業者の習熟度や作業の難易度より形は異なるが，標準的な作業方法が確立されて，ある程度作業に慣れてくれば，上述のように，概ねどの程度で作業が完了する時間（中心）というのがあり，まれに速いときや遅いときがあることがイメージできる．

---

*31 区間の中心の表記が“46.35”の箇所である．

*32 区間の中心の表記が“54.35”の箇所である．

*33 一方で未熟練者は，概ね完了する時間と，わずかに起こる速い時間と遅い時間の完了の差が大きい．未熟練者は作業時間ばらつきが大きいとなる．

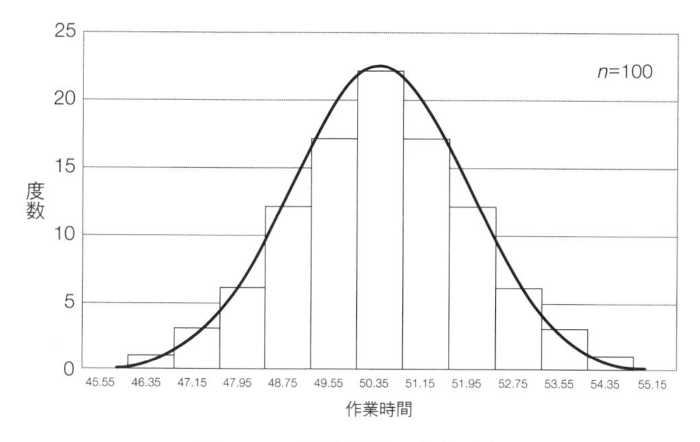

図 2.15　作業時間の確率分布

図 2.15 を，ある事象が起こる確率分布又は分布という．このことより，生産現場における組立作業の時間は，分布として表現がなされたといえる．

2.5.3　統計的有意性

分布のイメージに基づき，統計的アプローチで活用される“統計的有意性”の概念について解説する．分布において，よく起こる事象は縦が高く，わずかしか起こらない事象は縦が低いことは上述した（図 2.15 参照）．ここで，統計的アプローチでは，どちらに注目をするのかであるが，後者に注目をする．すなわち，わずかしか起こらない事象が起きたときである．わずかしか起こらない事象が起きたときに，その背景の理由を検討する意味があるとして，“有意である”と表現する．それではどの程度のことを，わずかしか起こらない事象というかであるが，これは慣例的に“5%”である．なお，5%の設定の仕方は図2.16のように3パターン（両側検定，左片側検定，右片側検定）がある．

2.5.4　統計的検定・推定

ここでは改善効果の検証を実施するための方法について解説する．正式には仮説の設定など検定には作法があるが，ここでは平均値とばらつきの改善効果を判断する考え方について解説する．また，作業時間分布については2.5.2項でイメージを持った左右対称の形の分布（正規分布）を対象とする．

改善効果を検定により検証する意味であるが，2.5.1項で説明した通り，データにはばらつきがある．例えば，改善前の作業時間の平均値が10.0秒であって，改善後に10回の作業時間を測定した結果の平均値が9.7秒のとき，改善の効果があったかどうか，どのように判断をすればよいのであろうか．この0.3秒の差は，ばらつきの範疇なのか，そうではないのか．改善に携わった人は，当然効果があると考えたいが，ここを客観的に判断する．

検定後には検定の判定結果に関わらず推定を実施し，現在の平均値の位置を検討する．これは後述するが，検定で有意とならない場合であっても，改善の効果について積極的に認められない，ということに留まるため，現状の平均値やばらつきがどの程度であるかを把握することは大切である．

推定には点推定と区間推定の2種類があり，点推定は一点を示し，区間推定は○○～△△の間に存在するという意味で，区間で示

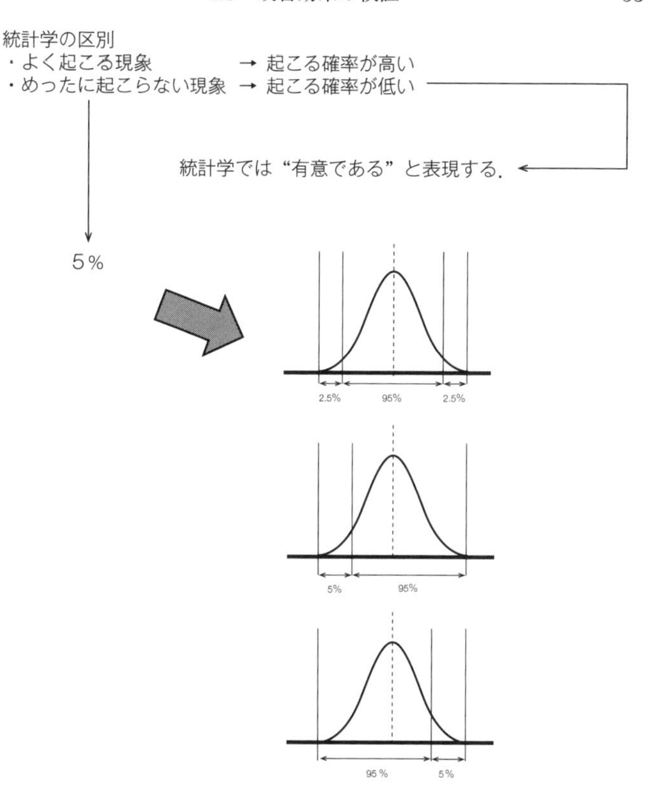

図 2.16　統計的有意性の意味と表し方

す.

(1)　平均値の検定・推定

図 2.17 は本アプローチを実施するための状況を整理したものである．従来の作業方法による作業時間は平均値（μ_0*34）が 50.2 秒である．これに対して改善を加えて 9 回（n=9）観測したところ,

平均値（$\bar{x}$）が48.1秒，標準偏差（s）が2.10秒であった．平均値の検定なので比較の対象は，改善前の作業時間の平均値と改善後の作業時間の平均値である．従来の方法による作業時間の分布が，改善後であっても成り立っているという前提のもとで検定を実施する．

はじめに有意かどうかを判断するための分布と境界値を設定する．図2.17の状況を判断するために用いられる分布はt分布である．境界値については，t表により設定することができる（65ページ，t表参照）．t分布は左右対称の分布であるためt表をみると，プラス側（右側）しか記載がないことがわかる．すなわち，マイナス側（左側）を調べたいときは，数値表の数値にマイナスをつけることとなる．t表は①自由度（サンプルサイズ−1）と②有意となる水準から決まる．①については改善後の平均値はサンプルサイズ

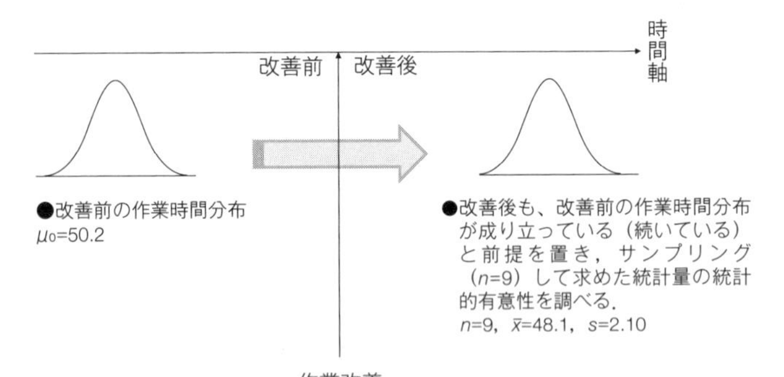

図2.17　統計的検定の文脈

---

*34　改善をして，現在の平均値（μ）についてはわからないので，区別をするため，改善前の平均値を“μ_0”としている．

表 2.5　t 表の使い方

ϕ \ P	0.50	0.40	0.30	0.20	0.10	0.05
1	1.000	1.376	1.963	3.078	6.314	12.706
2	0.816	1.061	1.386	1.886	2.920	4.303
3	0.765	0.978	1.250	1.638	2.353	3.182
4	0.741	0.941	1.190	1.533	2.132	2.776
5	0.727	0.920	1.156	1.476	2.015	2.571
6	0.718	0.906	1.134	1.440	1.943	2.447
7	0.711	0.896	1.119	1.415	1.895	2.365
8	0.706	0.889	1.108	1.397	1.860	2.306
9	0.703	0.883	1.100	1.383	1.833	2.262
10	0.700	0.879	1.109	1.372	1.812	2.228

に影響を受けるため考慮し，②については検定を用いる状況などに応じて設定ができるようになっている（$P/2$ となっているので，片側検定の場合は 0.1 となることに注意）．例ではサンプルサイズが 9（$n=9$）のため①が 8，今回の検定では，改善後の効果として作業時間が減少することを期待するものであるので，②が 0.1（左片側）となり，-1.860 に設定される．これで境界値が求まり，有意となる領域（$t_0 \leqq -1.860$）が設定されたことになる．次に検定に用いる統計量（検定統計量）を算出する．これは（5）式より求めることができる．

最後に判定であるが，(5)式より求めた数値が，今回の設定した境界値を超え，有意となる領域に入れば有意となる（図 2.18 参照）．これはわずかしか起こりえないことが起きていると考える．"改善により，作業時間は短縮したとする" と判断できるため，改善効果があったことを表す．この領域に入らない場合は有意とならないため，“改善により，作業時間は短縮したとはいえない”と判断する．有意とならない場合は，わずかしか起こりえないことが起きなかったこととなるため，少し弱い表現となる．

今回の例では，$t_0=-3.00$ となり，境界値を超えるため有意となり，改善により作業時間は短縮された，と判断される．

$$t_0=\frac{\bar{x}-\mu_0}{s/\sqrt{n}} \qquad (5)式$$

検定後には，推定を実施する．上述の通り，2種類の推定を実施することになる．例では，点推定は (6)式より 48.1，区間推定は (7)式[*35] より 46.49～49.71 となる．区間推定については，点推定値からプラスマイナスの両側に幅を持たせるため図 2.19 となり，数値表より $t(8, 0.05)=2.306$ が設定され，(7)式の第2項の計算結

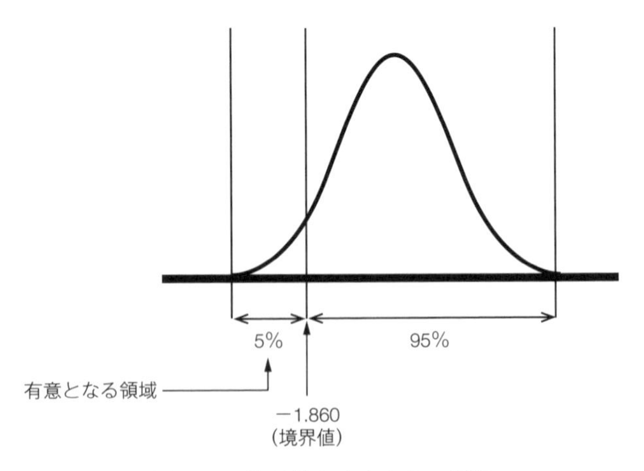

図 2.18　境界値と有意となる領域

果が 1.61 となる．

$$\hat{\mu}=\bar{x} \qquad (6)式$$

$$(\bar{x}-t(\phi,\ \alpha)s/\sqrt{n},\ \bar{x}+t(\phi,\ \alpha)s/\sqrt{n}) \qquad (7)式$$

(2)　ばらつきの検定・推定

(1) は平均値における改善効果の検証であったが，ここではばらつきの検証を行う．図 2.20 は本アプローチを実施するための状況を整理したものである．従来の作業方法による作業時間の分散 (σ_0^2[*36]) が 12.0 秒である．(1) で示したように，改善後を 9 回 ($n=9$)[*37] 観測したところ，分散 (V) が 4.41 秒であった．ばらつきの検定なので比較の対象は，改善前の作業時間の分散と改善後の分散である．従来の方法による作業時間の分布が，改善後であっても成り立っているという前提のもとで検定を実施する．

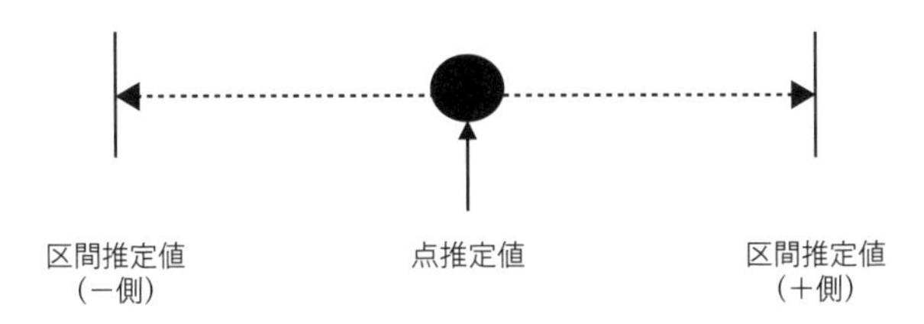

図 2.19　点推定値と区間推定値の関係

[*35]　α は有意となる水準であるため，5% (0.05) となる．

[*36]　改善をして，現在の分散 (σ^2) についてはわからないので，区別をするため，改善前の分散を “σ_0^2” としている．

はじめに有意かどうかを判断するための分布と境界値を設定する．図2.20の状況を判断するために用いられる分布はχ^2分布である（66ページ，χ^2表参照）．χ^2分布の特徴は，t分布とは異なり，左右対称ではないことである．したがって，t表より多くの列が記載されていることが確認できる．境界値については，χ^2表により設定することができる．χ^2表は表2.6のように①自由度（サンプルサイズ−1）と②有意となる水準から決まる．①については改善後の平均値はサンプルサイズに影響を受けるため考慮し，②については検定を用いる状況などに応じて設定ができるようになっている（例えば変化したかどうかを調べたい場合は両側検定）．例ではサンプルサイズが9のため①が8，今回の検定では，改善後の効果として作業時間ばらつきが減少することを期待するものであるので，②

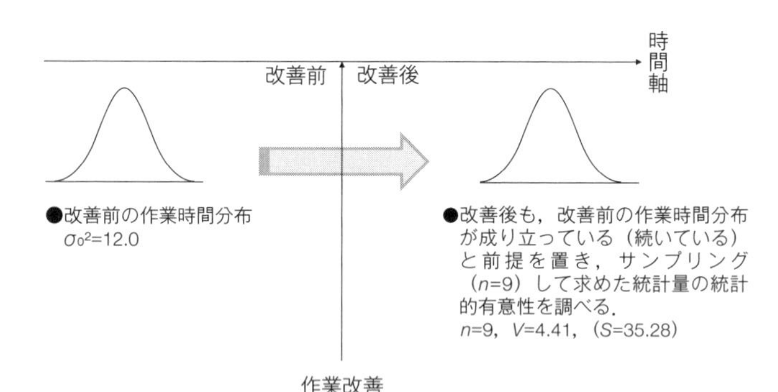

図2.20　統計的検定の文脈

[*37] 図2.17で得たデータより分散を求めて，ばらつきの検定・推定を行うことができる．

表 2.6　χ^2 表の使い方

ϕ ＼ P	0.995	0.990	0.975	0.950	0.900	0.750	0.500	0.250	0.100	0.050	0.025	0.010	0.005
1	0.000	0.000	0.001	0.004	0.016	0.102	0.455	1.323	2.71	3.84	5.02	6.63	7.88
2	0.010	0.020	0.051	0.103	0.211	0.575	1.386	2.77	4.61	5.99	7.38	9.21	10.60
3	0.717	0.115	0.216	0.352	0.584	1.213	2.37	4.11	6.25	7.81	9.35	11.34	12.84
4	0.207	0.297	0.484	0.711	1.064	1.923	3.36	5.39	7.78	9.49	11.14	13.28	14.86
5	0.412	0.554	0.831	1.145	1.610	2.67	4.35	6.63	9.24	11.07	12.83	15.09	16.75
6	0.676	0.872	1.237	1.635	2.20	3.45	5.35	7.84	10.64	12.59	14.45	16.81	18.55
7	0.989	1.239	1.960	2.17	2.83	4.25	6.35	9.04	12.02	14.07	16.01	18.48	20.3
8	1.344	1.646	2.18	2.73	3.49	5.07	7.34	10.22	13.36	15.51	17.53	20.1	22.0
9	1.735	2.09	2.70	3.33	4.17	5.90	8.34	11.39	14.68	16.92	19.02	21.7	23.6
10	2.16	2.56	3.25	3.94	4.87	6.74	9.34	12.55	15.99	18.31	20.5	23.2	25.2

が 0.950（左片側）となり，2.73 に設定される．これで有意となる領域（$\chi^2_0 \leqq 2.73$）が設定されたことになる．次に検定に用いる統計量（検定統計量）を算出する．これは以下の（8)式より求めることができる．

最後に判定であるが，(8)式より求めた数値が，今回設定した境界値を超え，有意となる領域に入れば有意となる（図 2.21 参照）．これはわずかしか起こりえないことが起きていると考える．“改善により，作業時間ばらつきは減少したとする”と判断できるため，改善効果があったことを表す．この領域に入らない場合は有意とならないため，“改善により，作業時間ばらつきは減少したとはいえない”と判断する．有意とならない場合は，平均値の検定と同様，わずかしか起こりえないことが起きなかったこととなるため，少し弱い表現となる．

今回の例では，$\chi^2_0 = 2.94$ となり，境界値を超えないため有意とならず，改善により作業時間ばらつきは減少したとはいえない，と判断される．

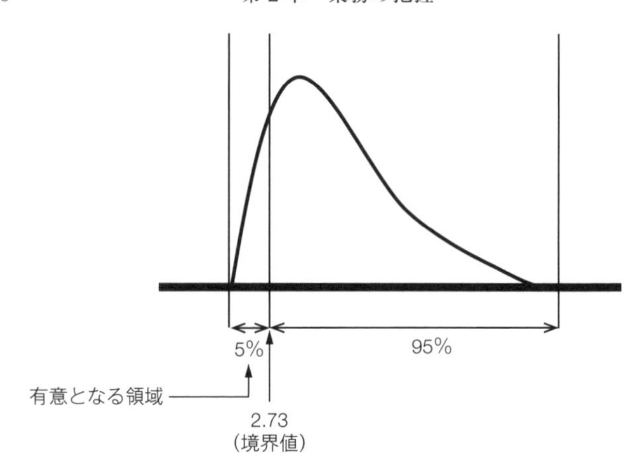

図 2.21　境界値と有意となる領域

$$\chi^2_0 = S/\sigma_0^2 \qquad (8)式$$

検定後には，推定を実施する．上述の通り，2種類の推定を実施することになる．例では，点推定は (9)式より 4.41，区間推定は (10)式[*38] より 2.01～16.18 となる．

$$\hat{\sigma}^2 = V = \frac{S}{n-1} \qquad (9)式$$

$$\left(\frac{S}{\chi^2(\phi,\ \alpha/2)},\ \frac{S}{\chi^2(\phi,\ 1-\alpha/2)}\right) \qquad (10)式$$

---

*38　αは有意となる水準であるため，5% (0.05) となり，$\chi^2(8,\ 0.025) = 17.53$，$\chi^2(8,\ 0.975) = 2.10$ となる．

2.6 まとめ

本章では業務の現状把握，改善，検証を実施するためのアプローチとして，工程分析（対象：人），業務機能展開，ECRS，作業時間測定，統計的検定・推定を解説した．本章で解説したアプローチは，自身の業務把握を的確に進めることに繋がり，仕事の流れ及び抽象度を考慮した把握が可能となる．そしてそれは，ものづくり現場に限ったものではなく，事務処理及び営業などにおける間接部門においても活用ができる．さらに本章で解説したアプローチにより，改善の実施と検証までができるので，是非試していただきたい．まずは自身の業務に焦点を当て，現状の把握，改善の検討，実施，検証のサイクルを体験いただきたい．

次章では業務から職場に目を移し，関連する職場の業務を検討するための方法を提案する．視点を人から物に移すことで，今までとは異なる気づきを促し，また前後の工程間や職場間，企業間（サプライチェーン）の関係性を考察することができる．

コラム1：親和図

親和図は抽象度を階層的に整理する道具である．言葉には抽象度が含まれるため，その表現により意味合いは揺れてしまう．この意味合いを段階的な整理に用いる．

具体的には，①言語データの収集，②類似言語データをグルーピング，③グループの名前をつける，④抽象度の調整となり，さらに②③④を繰り返して行うことで階層的な表現を実現する（図2.22参照）．①のポイントは，単語ではなく，短文表記をすることである（グループの名前も同様）．特にグループを作って共通的な名前を作る際（③）に，単語表記をしたくなるが，これは極端に抽象度が上がってしまうため，短文表記により抽象度を段階的に上げることが必要である．②のポイントは“情念”で行うことである．すなわち，因果論理や目的手段ではなく，感覚的に似ているものをグループ化する．なお，これは類似であり，同じではないことにも注意が必要である．③のポイントは上記のように①と同様，④のポイントは抽象度を階層的に示せているかの確認となる．なお，完成した親和図を見ると，作成の過程で階層度が具体的記述から徐々に抽象度が上がっていくような印象を受けるが，実際には抽象度を上げて，さらにそのネーミングを見て創発されたものをグループ内に記述するなど，調整が入ることになる．

以上のことより，抽象度の階層的表現が完成する．一般的に抽象度は構成要素が示されており，因果論理とは異なる関係となる．抽象度をうまく活用することは，人と人との理解の助けにもなる．組織内外問わず，うまく活用して，一つでも多くの関連業務に触れる

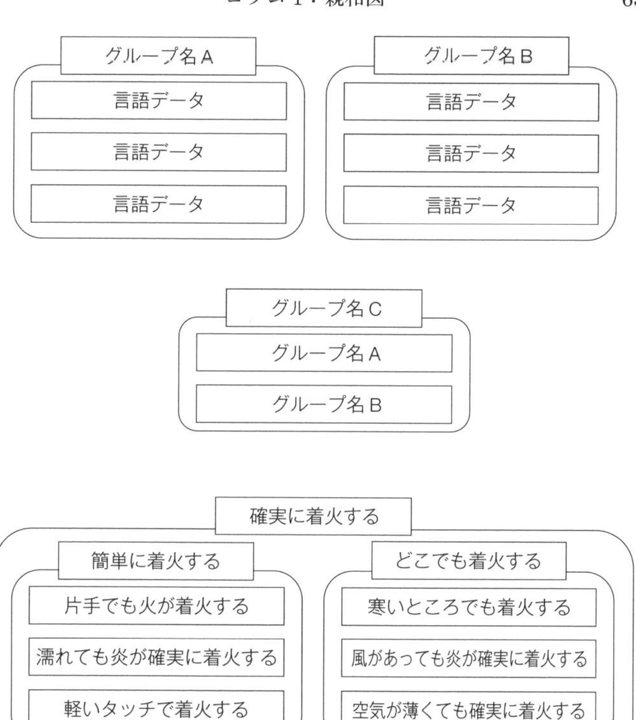

図 2.22　親和図法によるグルーピングの特徴

［出典：大藤正・小野道照・赤尾洋二（1990）：品質展開法（I），日科技連出版社，p.57，図 3.3 をもとに作成］

ことが大切である．

コラム2：両手作業分析

本書で全般的に活用される工程分析は，人，物，情報と主体を変更するだけで，扱う記号はほぼ同様となるため，とても使い勝手がよい．ここで両手作業分析は，同様の記号を人の作業を主体としたものである（図2.23参照）．対象が人ではなく，人の作業としている違いは，図2.24のように対象者の両腕の動きを作業ベースで記述していることである．これにより，両手のバランスなど，人の動作への切り口となる．ものづくりの現場などで是非活用を検討していただきたい．

記号	名称	内容
○	作業	手（または足）が作業をしている状態
□	検査	製品の特性を調べたり，個数を数えること
⇨	移動 運搬	物に手（足）をのばしたり，手で物を運んだりする状態
D	遅れ 保持	手（足）のアイドル状態，もう一方の手が行っている要素のため遅れている状態（バランス遅れ），対象物を固定位置に保持している状態

図2.23　両手作業分析記号

左手		右手	
内容	記号	記号	内容
袋に手を伸ばす	⇨	⇨	製品に手を伸ばす
袋を掴む	○	○	製品を掴む
袋を持ち上げる	⇨	⇨	製品を持ち上げる

図2.24　両手作業分析

表 2.7　t 表

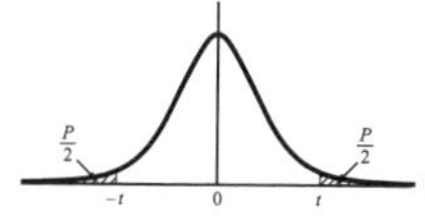

自由度 ϕ と両側確率 P とから t を求める表

ϕ ＼ P	0.50	0.40	0.30	0.20	0.10	**0.05**	0.02	**0.01**	0.001	P ／ ϕ
1	1.000	1.376	1.963	3.078	6.314	**12.706**	31.821	**63.657**	636.619	1
2	0.816	1.061	1.386	1.886	2.920	**4.303**	6.965	**9.925**	31.599	2
3	0.765	0.978	1.250	1.638	2.353	**3.182**	4.541	**5.841**	12.924	3
4	0.741	0.941	1.190	1.533	2.132	**2.776**	3.747	**4.604**	8.610	4
5	0.727	0.920	1.156	1.476	2.015	**2.571**	3.365	**4.032**	6.869	5
6	0.718	0.906	1.134	1.440	1.943	**2.447**	3.143	**3.707**	5.959	6
7	0.711	0.896	1.119	1.415	1.895	**2.365**	2.998	**3.499**	5.408	7
8	0.706	0.889	1.108	1.397	1.860	**2.306**	2.896	**3.355**	5.041	8
9	0.703	0.883	1.100	1.383	1.833	**2.262**	2.821	**3.250**	4.781	9
10	0.700	0.879	1.093	1.372	1.812	**2.228**	2.764	**3.169**	4.587	10
11	0.697	0.876	1.088	1.363	1.796	**2.201**	2.718	**3.106**	4.437	11
12	0.695	0.873	1.083	1.356	1.782	**2.179**	2.681	**3.055**	4.318	12
13	0.694	0.870	1.079	1.350	1.771	**2.160**	2.650	**3.012**	4.221	13
14	0.692	0.868	1.076	1.345	1.761	**2.145**	2.624	**2.977**	4.140	14
15	0.691	0.866	1.074	1.341	1.753	**2.131**	2.602	**2.947**	4.073	15
16	0.690	0.865	1.071	1.337	1.746	**2.120**	2.583	**2.921**	4.015	16
17	0.689	0.863	1.069	1.333	1.740	**2.110**	2.567	**2.898**	3.965	17
18	0.688	0.862	1.067	1.330	1.734	**2.101**	2.552	**2.878**	3.922	18
19	0.688	0.861	1.066	1.328	1.729	**2.093**	2.539	**2.861**	3.883	19
20	0.687	0.860	1.064	1.325	1.725	**2.086**	2.528	**2.845**	3.850	20
21	0.686	0.859	1.063	1.323	1.721	**2.080**	2.518	**2.831**	3.819	21
22	0.686	0.858	1.061	1.321	1.717	**2.074**	2.508	**2.819**	3.792	22
23	0.685	0.858	1.060	1.319	1.714	**2.069**	2.500	**2.807**	3.768	23
24	0.685	0.857	1.059	1.318	1.711	**2.064**	2.492	**2.797**	3.745	24
25	0.684	0.856	1.058	1.316	1.708	**2.060**	2.485	**2.787**	3.725	25
26	0.684	0.856	1.058	1.315	1.706	**2.056**	2.479	**2.779**	3.707	26
27	0.684	0.855	1.057	1.314	1.703	**2.052**	2.473	**2.771**	3.690	27
28	0.683	0.855	1.056	1.313	1.701	**2.048**	2.467	**2.763**	3.674	28
29	0.683	0.854	1.055	1.311	1.699	**2.045**	2.462	**2.756**	3.659	29
30	0.683	0.854	1.055	1.310	1.697	**2.042**	2.457	**2.750**	3.646	30
40	0.681	0.851	1.050	1.303	1.684	**2.021**	2.423	**2.704**	3.551	40
60	0.679	0.848	1.046	1.296	1.671	**2.000**	2.390	**2.660**	3.460	60
120	0.677	0.845	1.041	1.289	1.658	**1.980**	2.358	**2.617**	3.373	120
∞	0.674	0.842	1.036	1.282	1.645	**1.960**	2.326	**2.576**	3.291	∞

表2.8　χ^2 表

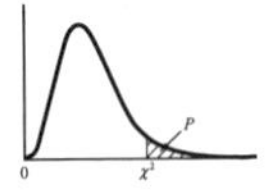

自由度 ϕ と上側確率 P とから χ^2 を求める表

ϕ \ P	.995	.99	.975	.95	.90	.75	.50	.25	.10	**.05**	.025	**.01**	.005	P / ϕ
1	0.0^4393	0.0^3157	0.0^3982	0.0^2393	0.0158	0.102	0.455	1.323	2.71	**3.84**	5.02	**6.63**	7.88	1
2	0.0100	0.0201	0.0506	0.103	0.211	0.575	1.386	2.77	4.61	**5.99**	7.38	**9.21**	10.60	2
3	0.0717	0.115	0.216	0.352	0.584	1.213	2.37	4.11	6.25	**7.81**	9.35	**11.34**	12.84	3
4	0.207	0.297	0.484	0.711	1.064	1.923	3.36	5.39	7.78	**9.49**	11.14	**13.28**	14.86	4
5	0.412	0.544	0.831	1.145	1.610	2.67	4.35	6.63	9.24	**11.07**	12.83	**15.09**	16.75	5
6	0.676	0.872	1.237	1.635	2.20	3.45	5.35	7.84	10.64	**12.59**	14.45	**16.81**	18.55	6
7	0.989	1.239	1.690	2.17	2.83	4.25	6.35	9.04	12.02	**14.07**	16.01	**18.48**	20.3	7
8	1.344	1.646	2.18	2.73	3.49	5.07	7.34	10.22	13.36	**15.51**	17.53	**20.1**	22.0	8
9	1.735	2.09	2.70	3.33	4.17	5.90	8.34	11.39	14.68	**16.92**	19.02	**21.7**	23.6	9
10	2.16	2.56	3.25	3.94	4.87	6.74	9.34	12.55	15.99	**18.31**	20.5	**23.2**	25.2	10
11	2.60	3.05	3.82	4.57	5.58	7.58	10.34	13.70	17.28	**19.68**	21.9	**24.7**	26.8	11
12	3.07	3.57	4.40	5.23	6.30	8.44	11.34	14.85	18.55	**21.0**	23.3	**26.2**	28.3	12
13	3.57	4.11	5.01	5.89	7.04	9.30	12.34	15.98	19.81	**22.4**	24.7	**27.7**	29.8	13
14	4.07	4.66	5.63	6.57	7.79	10.17	13.34	17.12	21.1	**23.7**	26.1	**29.1**	31.3	14
15	4.60	5.23	6.26	7.26	8.55	11.04	14.34	18.25	22.3	**25.0**	27.5	**30.6**	32.8	15
16	5.14	5.81	6.91	7.96	9.31	11.91	15.34	19.37	23.5	**26.3**	28.8	**32.0**	34.3	16
17	5.70	6.41	7.56	8.67	10.09	12.79	16.34	20.5	24.8	**27.6**	30.2	**33.4**	35.7	17
18	6.26	7.01	8.23	9.39	10.86	13.68	17.34	21.6	26.0	**28.9**	31.5	**34.8**	37.2	18
19	6.84	7.63	8.91	10.12	11.65	14.56	18.34	22.7	27.2	**30.1**	32.9	**36.2**	38.6	19
20	7.43	8.26	9.59	10.85	12.44	15.45	19.34	23.8	28.4	**31.4**	34.2	**37.6**	40.0	20
21	8.03	8.90	10.28	11.59	13.24	16.34	20.3	24.9	29.6	**32.7**	35.5	**38.9**	41.4	21
22	8.64	9.54	10.98	12.34	14.04	17.24	21.3	26.0	30.8	**33.9**	36.8	**40.3**	42.8	22
23	9.26	10.20	11.69	13.09	14.85	18.14	22.3	27.1	32.0	**35.2**	38.1	**41.6**	44.2	23
24	9.89	10.86	12.40	13.85	15.66	19.04	23.3	28.2	33.2	**36.4**	39.4	**43.0**	45.6	24
25	10.52	11.52	13.12	14.61	16.47	19.94	24.3	29.3	34.4	**37.7**	40.6	**44.3**	46.9	25
26	11.16	12.20	13.84	15.38	17.29	20.8	25.3	30.4	35.6	**38.9**	41.9	**45.6**	48.3	26
27	11.81	12.88	14.57	16.15	18.11	21.7	26.3	31.5	36.7	**40.1**	43.2	**47.0**	49.6	27
28	12.46	13.56	15.31	16.93	18.94	22.7	27.3	32.6	37.9	**41.3**	44.5	**48.3**	51.0	28
29	13.12	14.26	16.05	17.71	19.77	23.6	28.3	33.7	39.1	**42.6**	45.7	**49.6**	52.3	29
30	13.79	14.95	16.79	18.49	20.6	24.5	29.3	34.8	40.3	**43.8**	47.0	**50.9**	53.7	30
40	20.7	22.2	24.4	26.5	29.1	33.7	39.3	45.6	51.8	**55.8**	59.3	**63.7**	66.8	40
50	28.0	29.7	32.4	34.8	37.7	42.9	49.3	56.3	63.2	**67.5**	71.4	**76.2**	79.5	50
60	35.5	37.5	40.5	43.2	46.5	52.3	59.3	67.0	74.4	**79.1**	83.3	**88.4**	92.0	60
70	43.3	45.4	48.8	51.7	55.3	61.7	69.3	77.6	85.5	**90.5**	95.0	**100.4**	104.2	70
80	51.2	53.5	57.2	60.4	64.3	71.1	79.3	88.1	96.6	**101.9**	106.6	**112.3**	116.3	80
90	59.2	61.8	65.6	69.1	73.3	80.6	89.3	98.6	107.6	**113.1**	118.1	**124.1**	128.3	90
100	67.3	70.1	74.2	77.9	82.4	90.1	99.3	109.1	118.5	**124.3**	129.6	**135.8**	140.2	100

第3章　職場全体の把握

第2章では対象者の業務を把握する方法について解説した．対象を“人”と限定すると，その対象者の関わる範囲に限定されるため，その対象者の仕事の全体像は把握できたとしても，所属する組織全体の仕事の流れや状況を掴むことは難しい．本章では仕事の対象となる“物”を主体とする．このことにより，人や組織の範囲を超え，職場全体や工場全体の様子を把握することができる（図3.1参照）．ここでは“人”という枠を超えて組織を意識し，組織を俯瞰するための方法について提案する．

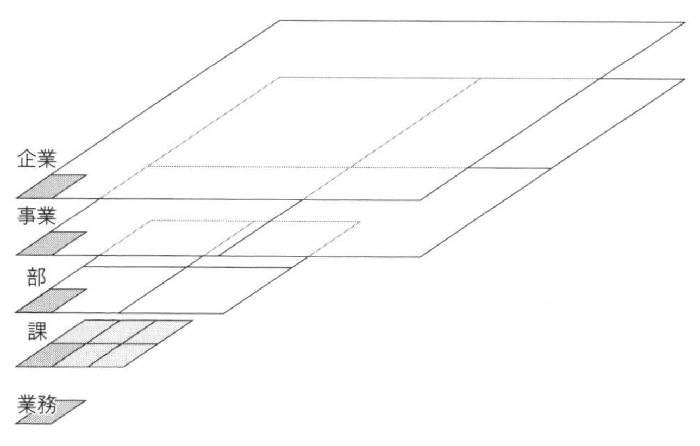

図 3.1　本章の位置付け

3.1 工程分析（対象：物）

本章での対象となる物の分析に対しては，製品工程分析*[39]が有効であり，ここでは工程分析（対象：物）としている．この分析は仕事の対象となる物を主体として，物の流れを把握する（図3.2参照）．例えば工場内における物の流れについて，材料倉庫→加工職場→組立職場→検査エリア→完成品倉庫までの流れを明確にする．具体的には，分析の対象となる物を決めて，工場内で加工や組立など，どのような影響が与えられるのかを記号化を通して示すことができる．

図3.3は工程分析（対象：物）で使用される記号*[40]である．“○”は物に品質が作り込まれている状態，すなわち価値が付加さ

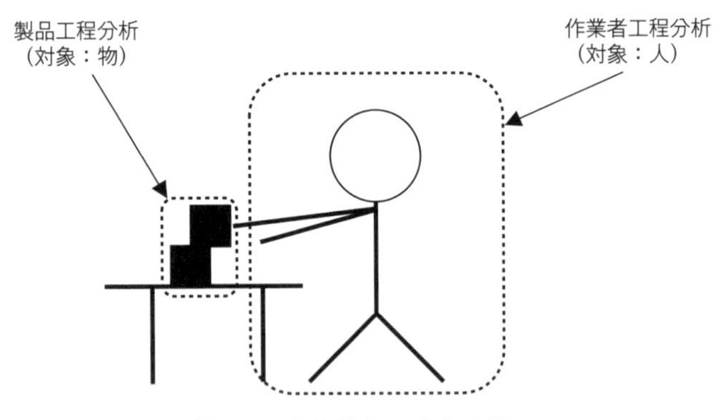

図3.2　人と物との主体の違い

*[39] JIS Z 8141:2022によると，製品工程分析とは，“原材料，部品などの生産対象物が製品化される過程を工程図記号で表して調査・分析する手法(5202)”と定義されている．

れていることを示し，“⇨[*41]”は物の移動を示し，“▽”は計画的に，“D”は無計画に物が保管並びに置かれている状態，“□”は数の検査，“◇”は質の検査を示している．

図 3.3 より“○”記号は，物目線で解釈をすると，品質が作り込まれる付加価値作業である．したがって，顧客目線で視ると，“○”記号だけで実施される生産が理想的であるといえる．しかしながら現実は他の記号が記述されることになる．これは企業側の都合である．例えば，建屋の都合で物を昇降させる必要があること（“⇨”）や，生産形態の都合上，中間在庫を置く必要があること

要素工程	記号の名称	記号	意味	備考
加工	加工	◯	原料，材料，部品又は製品の形状，性質に変化を与える過程を表す．	
運搬	運搬	○	原料，材料，部品又は製品の位置に変化を与える過程を表す．	運搬記号の直径は，加工記号の直径の 1/2～1/3 とする．記号○の代わりに記号⇨を用いていもよい．ただし，この記号は運搬の方向を意味しない．
停滞	貯蔵	▽	原料，材料，部品又は製品を計画により貯えている過程を表す．	
	滞留	D	原料，材料，部品又は製品が計画に反して滞っている状態を表す．	
検査	数量検査	□	原料，材料，部品又は製品の量又は個数を測って，その結果を基準と比較して差異を知る過程を表す．	
	品質検査	◇	原料，材料，部品又は製品の品質特性を試験し，その結果を基準と比較してロットの合格，不合格又は個品の良，不良を判定する過程を表す．	

図 3.3　工程分析（対象：物）における工程図記号

[*40] JIS Z 8206:1982 工程図記号によると，“基本図記号は要素工程を図示するために用いる記号で，加工，運搬，貯蔵，滞留，数量検査及び品質検査の各記号に分類する”と示されている．

[*41] 運搬記号については，図 3.3 備考の“⇨”としている．

(“▽”）がある．なお，“▽”と“D”の違いであるが，これは何時間又は何日程度ここに置かれていることが把握されていれば“▽”であり，そうでなければ“D”となる．

図3.4はある生産現場の工程分析（対象：物）の結果である．はじめに対象製品の選択であるが，候補は主力製品又は製造リードタ

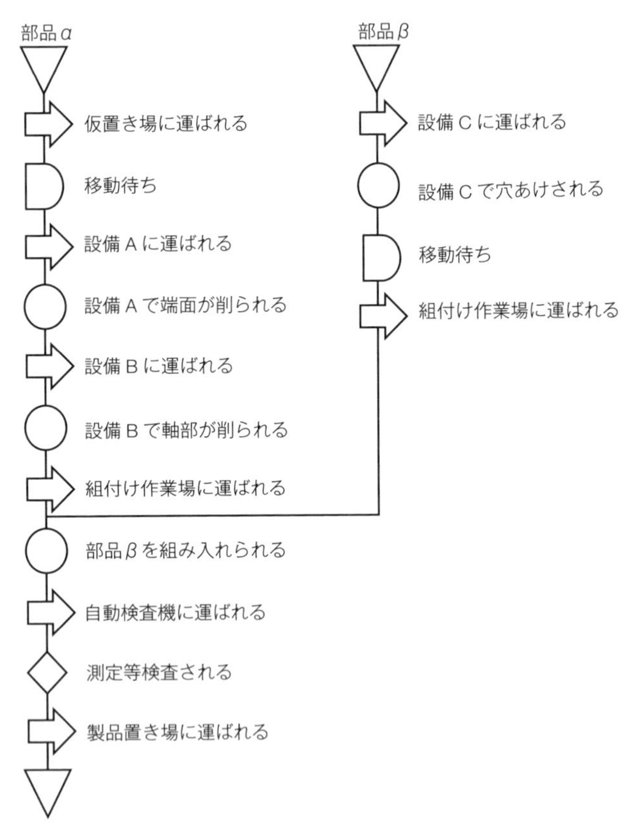

図3.4　工程分析（対象：物）の結果

イムの長い製品である．前者は企業の売上げに貢献し，なおかつ主力製品であるため，繰り返し性の高い製品であり，後者は繰り返し性については少ないかも知れないが，製造リードタイムが長いため，生産現場の諸問題を反映した図が作成されることが期待できる．

次に対象製品の物の流れを描くことになるが，分析者は物と一緒に動きながら記号化を実施するとよい．工程分析（対象：物）は，物の目線で描く分析である．物の気持ちになって描くことで，記号化以上に多くの気づきを得ることができる．したがって，記号の横に日本語で説明表記をいれるが，これは受身形が望ましい．受身形で書くことで，物が主体ということを意識させてくれるからである．そして実際に記号にする際は，迷いが生じると考える．これは工程分析（対象：人）と同様，現象を記号化する際，記号の示す意味合いの線引きが必要だからである．また，分析者自身のイメージとの違いも生じるかも知れない．このような逡巡も，分析を実施する意味にもなるため，真の現場の姿を知りつつ記号化を進めていただきたい．

工程分析（対象：物）の結果についての考察であるが，これは是非，最終工程から遡りながらレビューをしてほしい．最終工程というのは，対象工場の最後，すなわち工程図の最終記号である．この後は，何かというと顧客（企業）となる．最終製品の姿は，顧客の要求が入った姿となっているため，顧客像を描きやすい．このことを基点に，一つずつ遡ることで，後工程と前工程の関係を考えてみてほしい．例えば，ある工程において，なぜこのような作業があるのか，このタイミングで次工程に送るのはなぜかなど，後工程の作業のしやすさや要望に関係しているはずである．自身の作業をより理解するために，是非，後工程の様子を理解した上で，自身の工程に取り組む必要がある（後工程はお客様）．特に工程分析（対象：物）は物目線であり，人の作った組織を超えて全体像を表現する．無意識に同じ企業であっても自身の所属する職場意識が根付き，次工程又は次の職場に物を供給したら終わりという意識になりやすいが，工程分析（対象：物）の実施により組織の壁を超えて，全体を把握する目を養ってほしい．

そして完成した物の流れの視方であるが，理想は“○”のみで記述された工程図であるので，その他の記号については，なぜ発生しているのかを考える．ビジネスモデルや生産形態などが理由となる場合もあるが，自身の企業を知るためにも，是非取り組んでほしい．

工程分析（対象：物）を実際の職場レイアウト図に記述したものが流れ線図である（図3.5参照）．工程分析（対象：物）において“⇨”記号で示されただけでは，具体的にどの程度移動するかがわからないため，レイアウト図の上に描くことで具体的なイメージを持つことができる．また，“▽”マークや“D”マークの理由についても，レイアウト図が原因の場合は，本図より類推することが可能となる．

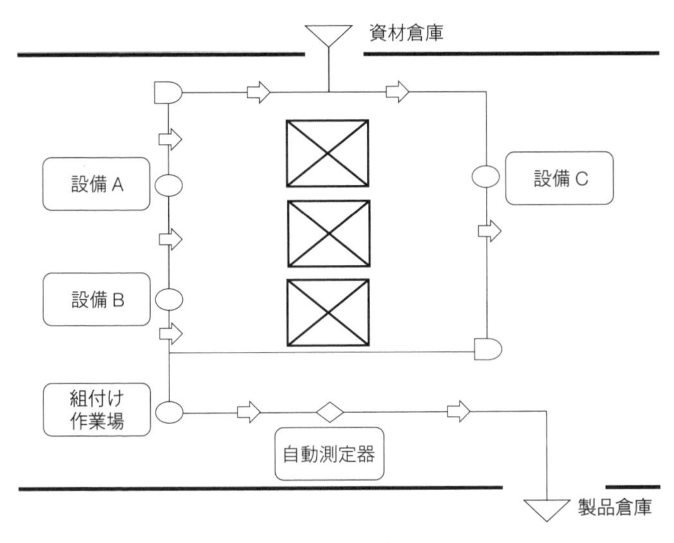

図 3.5　流れ線図

3.2　マトリックス図

工程間の具体的な関係性の把握として，マトリックス図を解説する．マトリックス図は，異なる次元を繋ぐ役割を果たし，関係性について新たな気づきを促すことに繋がる．関係性を一対一で検討して記号表記をすることで，関係性の強さを表現することに繋がる．一般的に“◎”が強く対応する，“○”が対応するである．ここでは第２章で解説した工程分析（対象：人）からと，本章で解説した工程分析（対象：物）からの活用の流れを説明する．工程分析同様，とてもシンプルではあるが，異なる側面から考えることで，多くの気づきを促す．

図3.6は，工程分析（対象：人）からの活用の流れを示したものである．はじめに仕事の流れとして関連する職場間において，それぞれで工程分析（対象：人）を実施，さらに業務機能展開によって階層的に業務を示す．具体的に表現された一つひとつの業務については，ECRSの原則を適用し，改善の方向性を検討する（該当箇所に“○”を記入）．この後，対応関係を視ることになるが，まずはそれぞれの業務内容についてECRSを実施する．そして，それぞれの業務機能展開表をマトリックス図で突き合わせる．

この結果，記号より，対応している業務が明らかになる．ここで

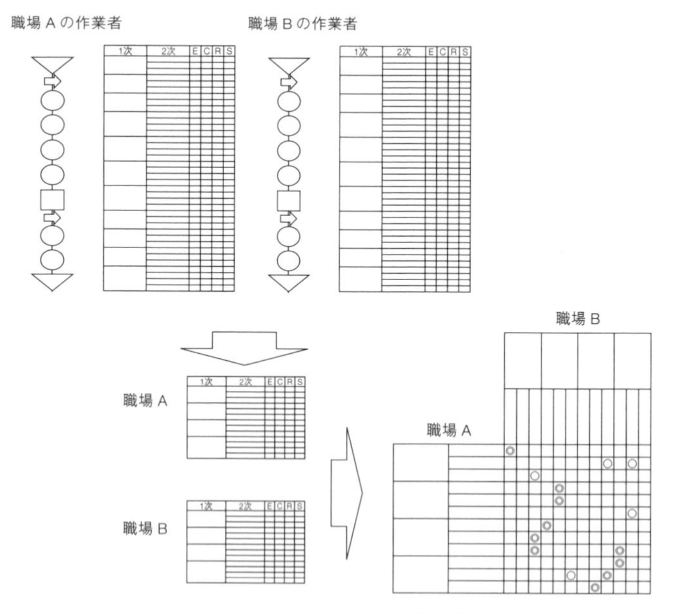

図3.6　工程分析（対象：人），ECRS，業務機能展開，マトリックス図を用いた業務の把握と改善

業務機能展開を取り入れていることの効果を説明する．抽象度を考慮していることで，記述された業務の粒度が概ね揃うことになる．したがって，表頭及び表側に記載された業務間の粒度に違いがない状態で突合せができる．もし，抽象度を考慮していないマトリックス図の場合は，記述された業務の粒度が揃っていない．これは隣り合う列又は行において，粒度が異なることを示す．すなわち，ある列又は行に極端に多くの“◎”や“○”がつく，また反対に全く記号がつかないといった場合が起こる（図 3.7 参照）．これは前者の粒度が高く，後者の粒度が低いといった理由が考えられる．粒度が高い場合は抽象的表現となるため，どのような業務でも関連付いてしまい，粒度が低い場合は具体的表現となるため，どのような業務でも関連付かなくなってしまう．抽象度を考慮することで，このような粒度の違いを避けることができ，業務間の関係性を厳正に検討することができる．このことを記号の出現の仕方としてみると，記号が極端に多い列又は行がある場合や，全く記号が付かない列又は行がある場合は，対応する業務の表現が他と異なっていると考えることができる．すなわち，記号の出現の傾向から業務の表現の抽象度を確認することができる．

関係性のある業務（“◎”，“○”）については後工程をスムーズに実施することができるように，前工程の仕事の仕方を考えることができる．また，関係する工程間において，後工程をもとに前工程へ要求する品質保証項目を考えることもできる．さらに，関係する工程間で考えることで ECRS の効果がより発揮されることとなる．

工程分析（対象：物）からの流れは，物の流れを可視化した後

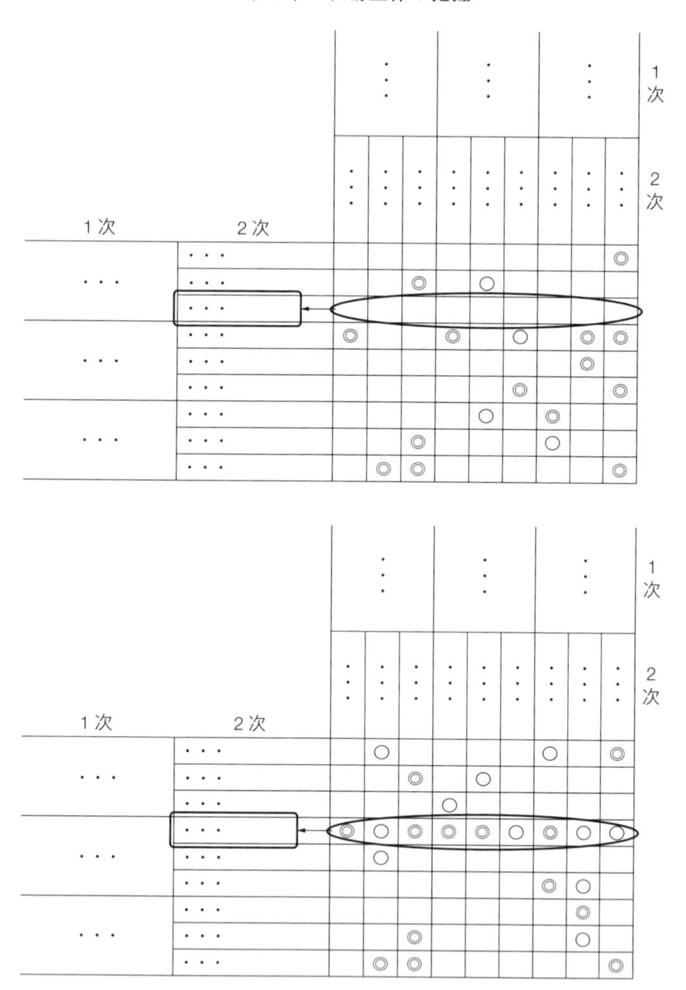

図 3.7　対応記号からみた業務の抽象度の確認

に，特に職場間などの組織の接点において，工程分析（対象：人）及び業務機能展開を実施し，マトリックス図で整理する．これにより，物の流れと組織上の区切りとの関連性に気づき，後工程はお客様の視点で業務を見直すことが可能となる．なお，並列で流れていて結合するなどの場合は，図 3.8 のようなマトリックス図の活用も検討する必要がある．例えば組立においては，前工程の作業や運搬との関係に目を向けることができる．

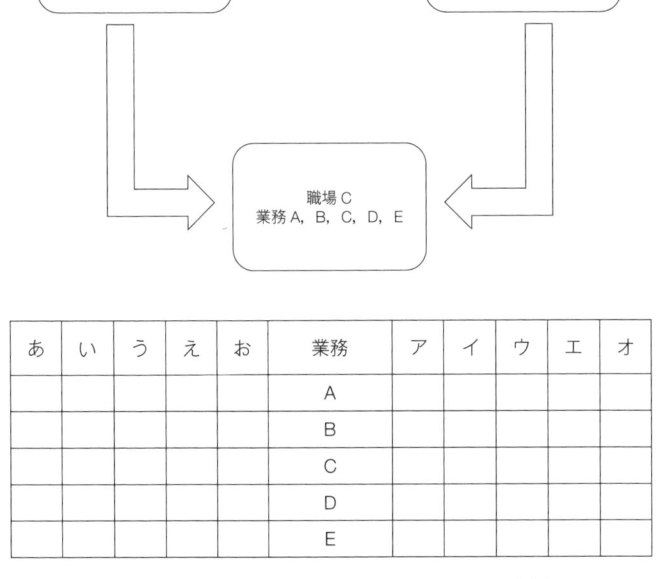

あ	い	う	え	お	業務	ア	イ	ウ	エ	オ
					A					
					B					
					C					
					D					
					E					

図 3.8　業務の流れとマトリックス図の関係

3.3 サプライチェーン

工程分析（対象：物）により，職場を超えて工場全体の物の流れを可視化できるが，この考え方を拡大すると，企業の外側へと分析の対象を拡げることができる（図3.9参照）．顧客に対して，一つの製品・サービスを生産して提供するためには，一企業だけで完結せず，複数の企業との連携が不可欠である．特にものづくり企業においては，伝統的にこのような関係が文化として根付いている．

供給サイドにおける企業間の連携を鎖に見立てたものが，サプライチェーン*42である．鎖を構成する輪の一つが脆弱であると，鎖が切れてしまうことから，部分最適ではなく，全体最適を目指すことの重要性を示している．ここではサプライチェーンの基礎知識について解説し，さらに物の流れに基づいて組織の狭間に注目した業務の把握の方法を紹介する．

(1) 三つの流れ

サプライチェーンには三つの流れがある．物の流れ，カネの流れ，情報の流れである．物の流れはサプライヤーから顧客へ，カネ

*42 JIS Z 8141:2022によると，サプライチェーンマネジメントとは，“資材供給から生産，流通，販売に至る物又はサービスの供給プロセスにおいて，需要が連鎖的に発生する特徴を利用して，取引を行う複数の企業が情報共有，協調意思決定などの手法を用いて，必要なときに，必要な場所に，必要な物を，必要な量だけ供給できるようにすることで，サプライチェーンに介在するムダを排除し，経営効率を向上させる方法論（2309）”と定義されている．

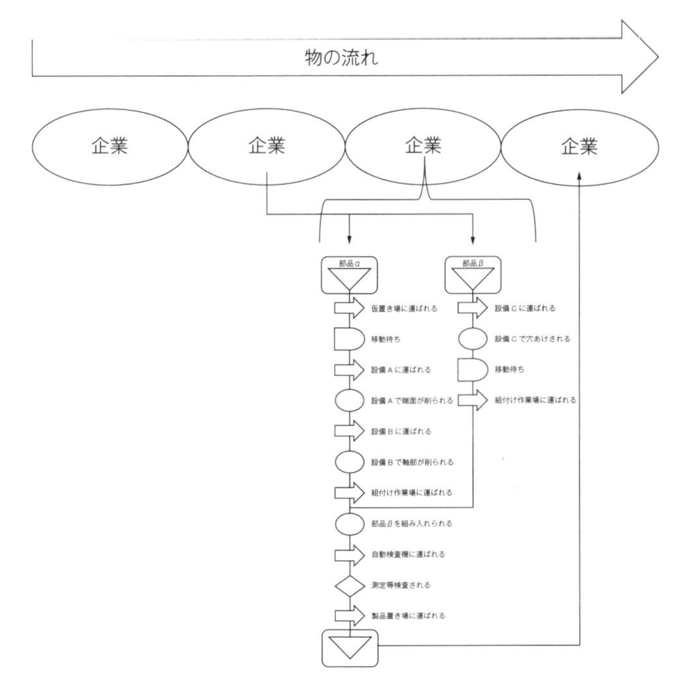

図 3.9 サプライチェーン

の流れは顧客からサプライヤーへ，情報の流れは双方向である．ここでは，物の流れを中心に考える．

物の流れは，サプライヤーから顧客であるが，前記のように情報の流れを含むすべての業務の結果が反映される．例えば会議でちょっとした議案の決めごとの遅れが，物の流れとなって反映される．関連する情報の流れについてであるが，組織内外のやり取りを示すため双方向となる．流れの発生を時間順に記述すると，情報の流れ⇒物の流れとなるが，情報はサプライチェーン内のあらゆる場所でやり取りされている．そして，物の流れについてもIoTの普及でリアルタイムの可視化が可能となるため，物の流れと情報の流れが“≒（ニアリーイコール）”となりつつあるともいえる．

(2)　部分最適と全体最適

サプライチェーンの最も大きな構成要素は企業である．そして企業の構成要素は部や課となる．ここで問題が生じてくるが，企業単位に最適化を目指すことと，サプライチェーン全体での最適化が，必ずしも同じではないということである．例えば，スーパーマーケットにおいては，顧客接点を持つスーパーマーケットが顧客情報を持つため，需要の予測に対する適正在庫を揃えておくことができる．その予測をもとに各種食品の発注をかけていくが，供給サイドに立つと，発注時期や量は供給サイドの工場などのリソースに影響を受ける．すなわち供給サイドにおいて生産の適正化を行うと，生産効率は最大化される可能性が高まるが，販売サイドの効率が高まるかというと，反対に低まることも考えられる．これは企業内の部や課においても同様であり，部分最適は全体最適に繋がらないことを意味する。ただし，全体最適を目指す上で問題となるのが，どこまでを全体と定義するのかという問題である．サプライチェーンを全体最適の対象とする場合，直接的に企業間でやり取りがない状況や，現在のグローバルな状況を考えたとき，この問題は複雑性を増してくる．特に昨今では地政学的な問題も含まれることとなる．少しテーマから逸れるが，“社会課題の解決”の難しさも類似の問題を抱えることになるため，連携する企業同士で知恵を出し合い，効果的なアプローチを探す必要がある．

(3)　企業間の業務の可視化

(1) と (2) のようなサプライチェーンの特徴において，企業間の業務の把握方法について解説する．まずは工程分析（対象：物）において，企業間の物の流れを的確に意識することである．どのような荷姿で後工程（企業）に流れ，後工程（企業）ではこれをどのように扱っているのかである．その流れを認識した上で，企業間の物の流れに関連する業務を列挙して整理する（業務機能展開）．もし，物の流れを作る情報の流れを可視化（第 4 章）することを挟み，業務の整理を行った方が列挙しやすい場合は，これを実施する．この業務の中には一見すると，物の流れに関連しない業務のように見える場合があることが想定される。この場合は業務の表現として少し長文となるかも知れないが，どのように関わってくるかを的確に表現することを薦める．以上のことより，企業間の業務の関係を的確に表現することができる（図 3.10 参照）．

このような方法は，企業間での話合いも含まれるが，企業間での業務の重複やムダを把握するためには大切な準備となると考える．サプライチェーンでは伝統的にパートナーシップの大切さが訴えられているが，業務の可視化に繋がるという意味では，不可欠である．

(4)　グローバルサプライチェーンと業務

現在のものづくりの企業の多くが，グローバルに展開をしている

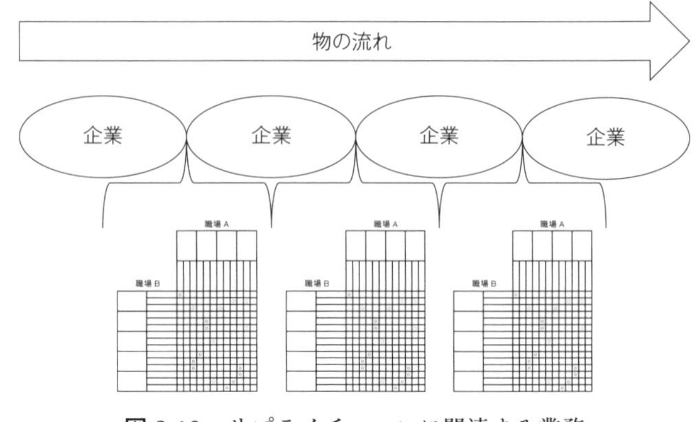

図 3.10　サプライチェーンに関連する業務

ため，サプライチェーンの対象は国内外を問わない．(3) の方法を推進していくことになるが，言語や文化の違いを乗り越え，サプライチェーンの効率化をテーマとして，業務の可視化に取り組んでいただきたい．特に業務機能展開表同士を突き合わせて，マトリックス図でまとめる際に，対応関係の確認だけでなく，後工程を中心に品質保証項目を的確に把握する必要がある．この項目をお互いで抽出に向けて尽力することで，暗黙的要素が表出される場合がある．すなわち，“丁寧に”や“ゆっくり”という修飾語については，品質表現の明確化を行い，規格，QC 工程表（図 4.11 参照），作業標準などとの調整を図る必要がある．

また，サプライチェーンのように複数企業での品質の作り込みが要求される場合は，品質展開の結果となる QA 表（図 4.11 参照）や QC 工程表（図 4.11 参照）などへの部品設計品質及び管理項目の位置を，顧客ニーズとの繋がりから示し，サプライチェーン全体で共有する必要がある．

3.4 まとめ

本章では職場全体，工場全体，サプライチェーン全体を考えていくための方法を解説した．工程分析（対象：物）では，視点を物に変えることで，前後の工程に注意が向き，現行の業務のあり方についても見直すことができる．そして物の流れを通じて工場全体，サプライチェーン全体に行き着くことで，顧客への製品・サービス提供の全体像という姿が見えてくると考える．

続いてマトリックス図により，業務間の関係性を把握した．日常的に実施している業務について，後工程からはどのように見え，どのような影響を及ぼすのかを考えることは，物の流れに紐付く業務の流れが可視化される．単独での改善は限界があるかも知れないが，工程間，職場間，工場間という接点において業務を突き合わせることは，従来とは異なる視点で業務を把握することができ，改善のアイデアを出しやすくなると考える．

コラム 3：生産形態

工場の分類の切り口として，以下の表に示す生産形態がある（表 3.1 参照）．注文の時期は，注文（需要）を見込んで生産（見込生産）するのか，注文を受けてから生産（受注生産）するのかの違いで，前者は生産時点で顧客が決まっておらず，後者は生産時点で顧客が決まっている．品種と量については，多くの品種を少しずつ生産する多種少量生産と，少ない品種を多く生産する少種多量生産である．ただし，数値的な切り分けはないため，工場のたどってきた歴史や認識などに基づく．物の流れについては，物が連続的に同一方向に生産される連続生産と，注文ごと個別に流れ方が異なり生産される個別生産がある．

生産形態は，あくまで工場をある視点から分類したものであり，その特徴を表現したものである．例えば受注生産の場合は，多種少量で個別生産をしているという訳ではない．各視点で解説した二つ

表 3.1　生産形態

区分	内容
注文の時期	見込生産，受注生産
品種と量	少種多量生産，多種少量生産*43
物の流れ方	連続生産*44，個別生産*45

*43 JIS Z 8141:2022 によると，多種少量生産とは，“多くの種類の製品を少量ずつ生産する形態（3213）”と定義されている．

*44 JIS Z 8141:2022 によると，連続生産とは，“同一の製品を一定期間続けて生産する形態（3211）”と定義されている．

*45 JIS Z 8141:2022 によると，個別生産とは，“個々の注文に応じて，その都度 1 回限り生産する形態（3209）”と定義されている．

は，両極端を示したものであり，実際の企業はその間に位置していることが多い．例えば，注文の時期においては，同一工場内のある工程までは見込生産で，その後は受注生産というケースがある．これは扱う製品や組織構造により決定される．サプライチェーンという全体の見方においては，見込生産と受注生産が切り替わる箇所を，デカップリングポイントと表しているが，サプライチェーンの構成要素である各企業内においても，デカップリングポイントが存在することを示している．

このように説明をすると，生産形態は的確に工場の特徴を示すことができないようにみえるが，どちらの傾向に偏っているかを，関係者自身がどのように自社工場を認識しているかを把握できる．

コラム4：ライン編成

安定した生産量を生産でき，なおかつ多品種混合ラインなど一つのラインに一つの製品ではなく，一つのラインに多品種で生産するための技術が培われたこともあり，ライン生産方式[*46]を採用している工場は多い．ラインを構成する個々の工程に対して同程度の作業量に分業され，さらに個々の工程で標準作業が確立されていることを前提に，安定的な生産量を確保することが可能となる．ライン生産を行うために必要な準備は，サイクルタイム[*47]や工程数を決めるライン編成である．

総生産時間が1個当たり20分[*48]の製品に対して，ある週に320個の生産を単一ラインで予定している．1日8時間労働，1週間5日の稼働とする．図3.11は，対象製品の作業先行順位図である．作業には，作業aが完了しないと作業bが開始できないなどの順番があり，その順番を示したものが作業先行順位図である．図3.11では，例えば作業gを行うためには，作業eと作業fが完了しなければならないことを示している．この作業先行順位図を守りつつ，各工程に作業を割り振ることが必要である．

はじめに，生産予定数に対応するためのラインにおけるサイクルタイムを算出する．サイクルタイムとは，ラインから製品が生産さ

[*46] JIS Z 8141:2022によると，ライン生産方式とは，“生産ライン上の各作業ステーションに作業を割り付けておき，品物がラインを移動するにつれて加工が進んでいく方式（3404）”と定義されている．

[*47] JIS Z 8141:2022によると，サイクルタイムとは，“生産ラインに資材を投入する時間間隔（3409）”と定義されている．

[*48] 図3.11作業a～hの作業時間の和．

れる時間間隔である．したがって，サイクルタイムが長いと生産量が少なく，短いと多くなる．1 週間の稼働時間が 2 400 分［(11)式参照］であるため，生産予定数で割り，必要なサイクルタイムが算出される．サイクルタイムを整数値として設定することを条件とした場合，小数点以下を切り捨て 7 分［(12)式参照］となる．1 個当たりの総生産時間をサイクルタイムで割ることで，最小工程数がわかる．2.86 となり，小数点以下の場合は切り上げをしないとサイクルタイムを遵守できないため，工程数は 3［(13)式参照］となる．各工程での作業時間は，サイクルタイム 7 分以下で作業を完了させ，なおかつ作業先行順位図を遵守して作業の割振りが決定さ

8(時間/日)×5(日/週)×60(分/時間)＝2 400(分/週)　(11)式

2 400(分/週)÷320(個/週)＝7.5(分/個)→7.5(分/個)　(12)式

20(分/個)÷7(分/個)≒2.86→3　(13)式

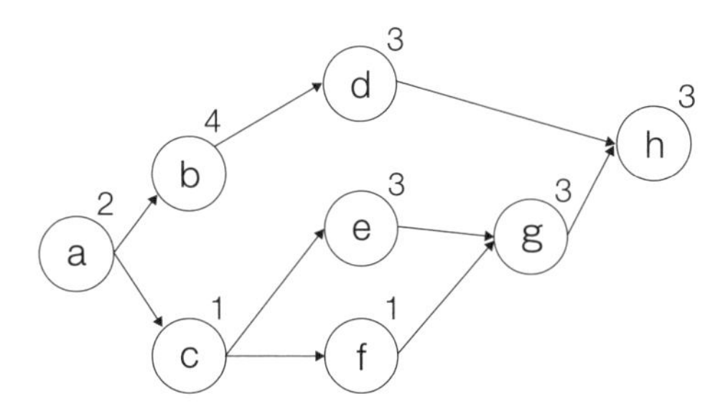

※○は要素作業で，右上記載は作業時間（分）である。

図 3.11　作業先行順位図

れる．

結果，第1工程7分（a, b, c），第2工程7分（e, f, g），第3工程6分（d, h）となった．なお，ラインのバランスを示す編成効率[*49]は95%となった．

[*49] JIS Z 8141:2022によると，編成効率とは，“作業編成の効率性を示す尺度（3410）”と定義されている．

第4章　組織全体の把握

第3章では物の流れをもとに職場全体を把握する方法について解説した．対象を“物”にすると，物がどのように入ってきて，どのように作られ，最終的にどのように顧客に渡っていくかを確認することができる．入り方，作られ方，渡り方などを視ることは，職場内で起こる多くの問題に気づくきっかけを与えてくれる．物の目線は，工場内における組織の壁を越えて，純粋に工場内を視ることに繋がる．

本章では，物を動かしている情報に目を向ける（図 4.1 参照）．

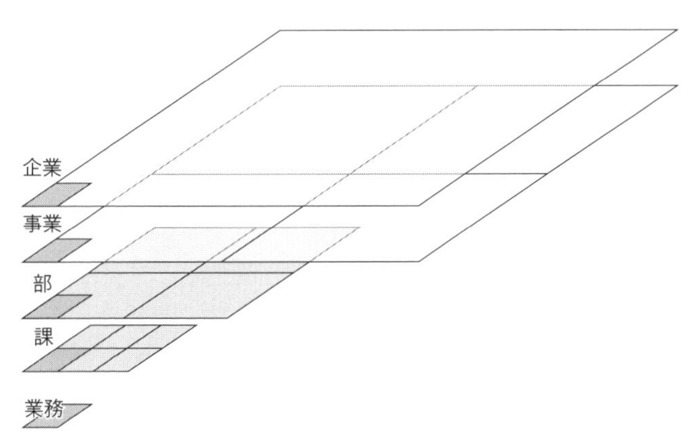

図 4.1　本章の位置付け

物は自動的に作られたり動かされたりすることはなく，必ず情報を受けて動いていく．例えば，本日はある生産品目をいくつ生産するという生産指示があり，その情報に基づいて生産現場は動いていく．本章では，その情報の出所に目を向けていきたい．

4.1 組織の意識

ここまで業務や，業務の対象となる物を中心に全体像を把握した．自身の業務については，企業全体からみると，組織の一端を担っている．また，物の流れにおいては，例えば物に加工を施す場合であっても，生産指示や作業指示があってはじめて始動する（図4.2参照）．これも企業全体からみると，一部の活動であることが伺える．

上述の業務が製造部に所属し，機械加工をしている場合，その情報はどこから来るのであろうか．日々の生産の指示は担当の長から伝えられると考える．それでは担当の長は，その情報をどこから受けるのか．それは生産管理部から伝えられると考える．生産管理部内では，生産計画に基づき，その生産指示を製造部に送るが，生産計画の作成には営業部の情報も不可欠である．営業部は顧客接点を持つ職場であるため，ここは今後の需要の傾向や次世代ニーズの探索まで，多くの情報を有している．受注生産型の工場にとっては，もっと直接的に営業部の情報が生産管理部を通じて製造部に送られることもあるかと考える．

本例においては，営業→生産管理→製造の情報の流れが見えてく

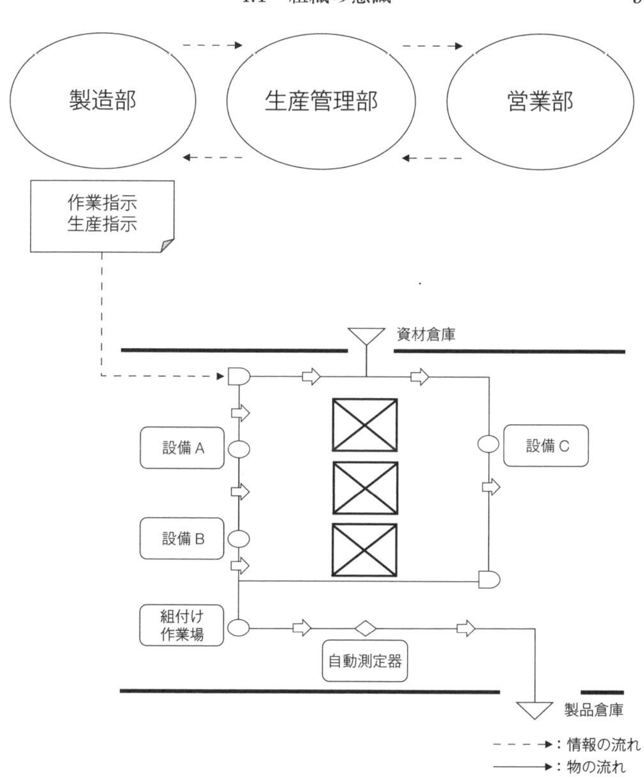

図 4.2　企業全体の一部としての物の流れのイメージ図

る．もちろん企業の規模や生産形態によって違いはあるかと考えるが，このような流れで情報が伝達されるケースは存在すると考える．営業，生産管理，製造などは，企業活動を構成する要素となる．例えば生産管理部においては，顧客の要求納期と生産現場の能力との関係を絶えずウォッチし，実現可能な生産計画を作成し，生産現場を統制していくことがその使命である．営業部においては，顧客の様子を感度高くキャッチしつつ，製造の混み具合についても頭に入れなければならない．

このように企業においては，企業活動を円滑に行うため，グループごとにその役割が異なり，組織化されている．組織化された同一グループにおいては，企業全体からグループの役割を認識しなければならない．

組織を意識する上で必要不可欠な概念として，“分業”と“調整”がある（図4.3参照）．生産現場における分業というと，一人ひとりへの作業の割振りとなるが，一つひとつのグループにおいて

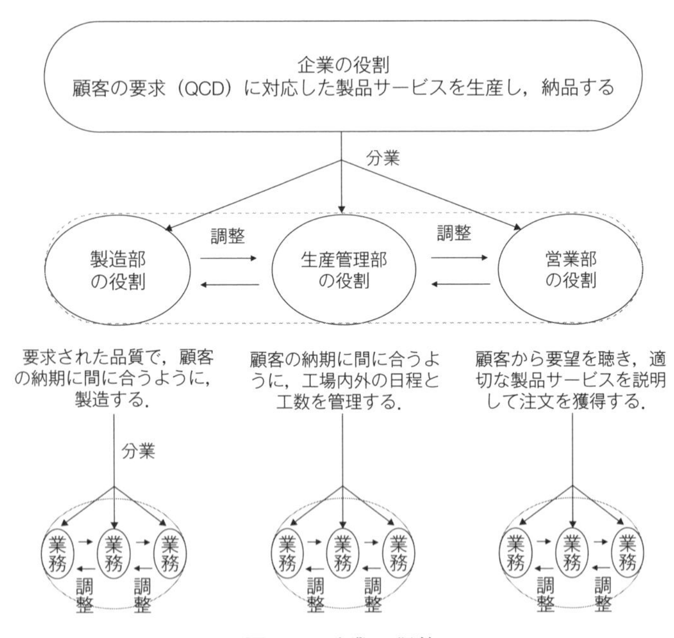

図 4.3　分業と調整

も同様である．企業活動全体を運営するためには，ある部門は顧客に製品・サービスを説明して販売する役割を担い，ある部門は製品・サービスそのものを生み出す役割を担う．

この分業とともに重要となるのが，調整である．仕事を分けるということは，分けた仕事を全体に構成し直す必要が出てくる．調整には事前と事後があり，前者が標準化，後者がヒエラルキーである．標準作業や標準時間は，この事前の調整に該当し，業務がスムーズかつ機能している場合は，この調整がうまくいっている．しかしながら，標準作業を遵守していたとしても，作業について予期せぬトラブルは起こり得る．そのための調整がヒエラルキーである．これは，例えば職長を呼んで対応するなど，標準化では対応しきれない場合の調整である．組織という見方をすると，改めて標準化の大切さや，職位の役割が理解できる．

もう一つ意識すべき事項は，所属企業がどのような組織図であるかということである．第2章で把握した業務や第3章で把握した職場全体について，これらは組織図上のどこかを切り取ったものである．すなわち，企業全体の組織の一部分を見ているに過ぎない．例え切り取った一部分が，別の企業組織と同一の業務や職場に見えたとしても，企業全体の組織図が異なればその意味合いは異なってくる．これは後の章で解説する戦略やビジョンが異なるためである．したがって，企業全体がどのような組織図であるか，その基礎知識を持つ必要がある．

図4.4及び図4.5は，職能別組織と事業部制組織という最も基本的な組織図である．職能別組織とは，企業内の組織を機能で構成し

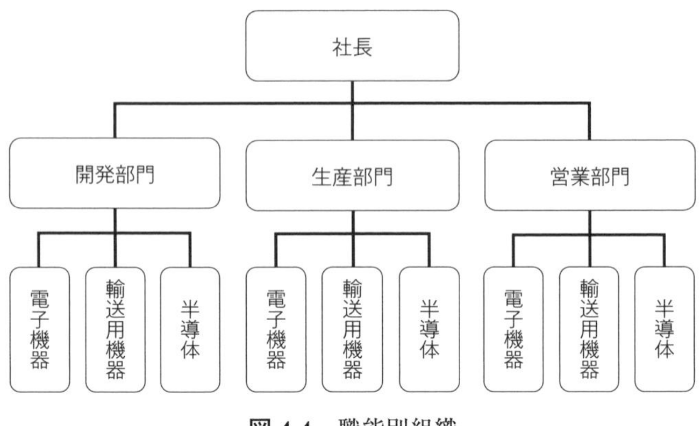

図 4.4　職能別組織

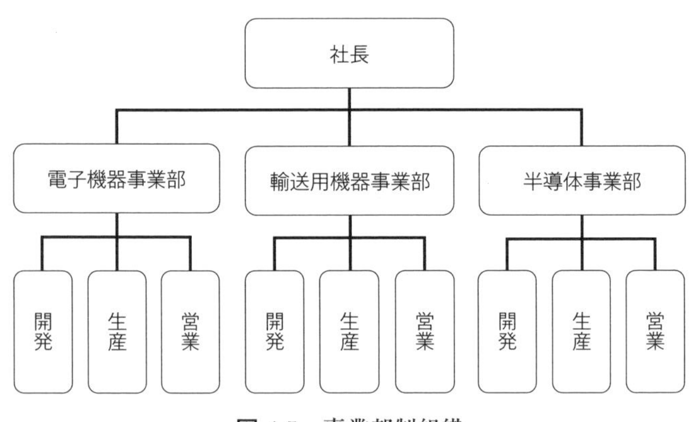

図 4.5　事業部制組織

たものである．事業部制組織とは，企業内を事業で構成したものである．まず二つを比較する前提として，複数事業を有している企業を想定する．事業とはビジネスの単位であり，企業はビジネスを通して利益を上げるので，具体的に表すと，企業が抱える事業が利益を上げることとなる．

職能別組織は，営業，設計，製造などの機能でグループを構成しているため，グループ内で複数の事業と関わることとなる．例えば，設計部門は全事業における製品設計すべてを担当することとなる．したがって，そこで業務をする人からみると，多くの製品設計に関わる機会に恵まれ，かつグループ内で交わす話の内容も，設計に関することが中心である．以上のことより，専門性が高まる組織構成となることがわかる．その反面，事業全体の活動を知る機会はあまり多くないため，事業に必要な他の機能について学ぶ機会が少ない．

事業部制組織は，エレクトロニクス事業，エネルギー事業，ソリューション事業などの事業でグループを構成しているため，グループ内で複数の機能と関わることとなる．例えばエレクトロニクス事業部においては，事業部内に営業，設計，製造などの機能を有する．したがって，機能間の調整が容易であり，スムーズな連携が可能となる．その反面，事業間の壁が高くなり，他事業の製品・サービスを生み出す機能との関わりがない，例えば設計においては，他の製品・サービスの設計のやり方を学ぶことで，本事業の対象製品・サービスに活かすことができるが，その機会が限られてくる．

上記の二つの組織の利欠点は，双方裏返しになっている．そして，これは組織体制としての優劣ではなく，どちらの利点を享受し，欠点については許容するかという企業としての意思決定である．また，ここでの例は両極端なケースを示しており，実際の企業における組織とは異なる．その異なる箇所こそ，その企業の特徴であるといえる．組織図は企業の描く戦略に影響を受けるため，企業ごとに異なると考える．これについては第5章で述べる．

4.2 工程分析（対象：情報）

組織を意識した上で，本章での対象となる情報の流れの分析に対しては，第3章における物の流れを可視化する工程分析（対象：物）の主体を情報とみなして，実施することが有効である．使用する記号については工程分析（対象：物）と概ね同様であり，物を情報と読み替えて活用可能である（図4.6参照）．ただし，情報は目に見えないという特徴があるため，物と異なる傾向があるので注意が必要である．

記号	記号の名称	意味
○	加工	情報が作られたり，情報の内容に変化が加わる過程を表す
⇨	運搬	情報の移動を示し，伝わる過程を表す
▽	貯蔵	情報が計画的に保存されている状態を表す
D	滞留	情報が計画に反して滞っている状態を表す
◇	検査	情報が要求事項を満たしているかどうかを判定する過程を表す

図4.6　工程分析（対象：情報）における工程図記号

［出典：野上真裕・木内正光（2023）：連載講座IEを学ぶ―オフィスにおける情報の流れを考えよう―，QCサークル誌2023年2月号，p.64，図10，日科技連出版社］

“○”は情報に品質が作り込まれている状態，すなわち何らかの価値が付加されていることを示し，“⇨”は情報の移動を示し，“▽”は計画的に，“D”は無計画に情報が保管並びに保存されている状態，“◇”は情報の確認検査を示している．“○”記号は，情報目線で解釈をすると，会議体などで情報自体が創られる，又は今まで存在していた情報に新しい価値が追加されることである．工程分析（対象：物）と同様，顧客目線で視ると，“○”記号だけで実施される活動が理想的であるといえる．しかしながら現実は他の記号が記述されることになる．これは工程分析（対象：物）で解説した企業側の都合ではあるが，情報の場合は企業内外問わず確認などが頻繁に発生する．社内においては部署間の調整を含む稟議，社外においては企業間で取引などのやり取りがある場合は回答を待つこともある．情報は目に見えないことと，物と違い最新情報の更新頻度が高いため，多くのやり取りが発生することは想像に難しくない．なお，“▽”と“D”の違いであるが，これは工程分析（対象：物）と同様，問合せ後の回答期日などが決められており，何時間又は何日程度待ちの状態になっていることが把握されていれば“▽”であり，そうでなければ“D”となる．情報のやり取りの回数が減らない場合は，“D”を“▽”にすることも，情報の流れをマネジメントする上で大きな成果である．

図 4.7 はある設計現場の情報を対象とした工程分析の結果である．はじめに対象情報を決定するが，ここでは工程分析（対象：物）で選択した製品に関する情報とする．この情報には生産現場のデザイン時と，オペレーション時の二つに分かれると考える．前

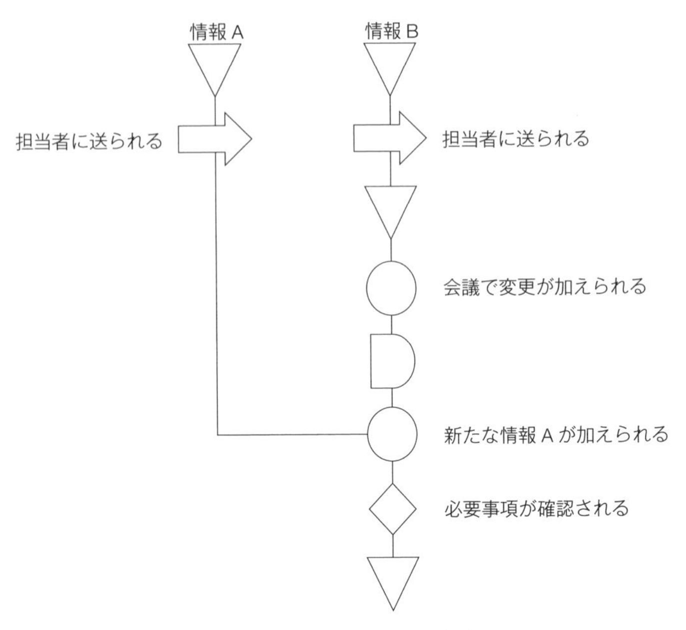

図 4.7　工程分析（対象：情報）の例

者は対象製品が生産現場において生産を開始するまでの情報の流れ(エンジニアリングチェーン)，後者は対象製品が生産現場で繰り返し生産されるようになったときの情報の流れ（サプライチェーン）である．図 4.7 は前者を想定している．

工程分析（対象：物）は現状に物が流れている状態が暗黙的に前提となるが，情報を主体とした工程分析は，物が流れる前の状態も視野に入るため，その応用範囲の広さがわかる．

次に，具体的に情報の流れを描いていくが，対象が情報であるので難しい側面がある．ただし，基本的には工程分析（対象：物）と同様，主体となる情報の気持ちになって考えることで，記号化がしやすくなる．記号の切れ目としては，例えば会議で話し合うことで情報が作られていくが，一つひとつ作り込まれるたびに記号化を図るか，会議が終わり，次の工程に進むことが明確なときに記号化をするかについては，目的によって異なる．例えば，会議で情報を作ること自体に焦点を当てる場合は，細かく記号化をする必要があるが，全体の情報の流れを把握することを目的とした場合は，そこまで詳細に記号化をする必要はない．すなわち，目的によって分析の粒度は変化する．また，情報を主体としたときの記号化で迷いがでるのは“⇨”である．例えばメールなどで情報を複数人に流した場合，どのように記号化をすればよいかである．この場合についても，目的によってであり，例えば“共有”が目的であれば，“チームメンバー間で確認される”となるため，人数に関係なく“⇨”の次に“▽”又は“D”，その次に“◇”となる．複数に情報が渡ったとしても，情報の変化に注目して記載をしていけば，複数に線を分岐させる必要はないと考える．全員の承認が必要な場合は，承認にかかる時間を“▽”の横に併記する．記号の横に日本語で説明表記を入れるが，これは工程分析（対象：物）と同様，受身形が望ましい．

最後に考察となるが，こちらも工程分析（対象：物）同様，最終工程から遡りながら再度レビューするが，最終工程について定義をする必要がある．情報の流れの最後とは，例えば上記のように，製品設計から工程設計に渡り，実際に工程設計が開始されるまでとした場合，工程設計で用いる情報は，例えば生産技術部門までとなる．また，繰り返し性が高くなっている製品の情報を対象とすると，営業から生産管理，製造に渡り，実際に製造が開始されるまでとした場合，生産計画に用いる情報は，例えば生産管理部門までとなる．このように組織や人の領域を超えていくので，的確に最終工程を定義することが重要である．最終工程は，物の流れとの接点の場合があるためである．

繰り返し性の高いオペレーション時の場合は，生産管理部門より生産現場に計画又は指示が出てから開始されるので，情報の流れを可視化し，ムダな滞留の有無を明らかにする必要がある．また，IoTの活用などにより生産の進捗状況の把握や実績管理をしている場合は，どこでモニタリングをしているかを付加し，どのようにフィードバックをかけ，次期の計画作成に活かしているかを明確にする．

4.3 既存製品の生産における情報の流れ［物と情報の流れ図（VSM：Value Stream Mapping）］

工程分析（対象：物）と工程分析（対象：情報）により，物と情報の流れを的確かつ具体的に把握することができる．本節では，この二つの流れについて，少し抽象度を上げて俯瞰する物と情報の流れ図[*50]を解説する．全体を俯瞰することで，物と情報の流れの関

[*50] JIS Z 8141:2022によると，物と情報の流れ図とは，“顧客からの注文を起点とし，顧客に製品・サービスが届けられるまでの生産・業務プロセス全体における物の流れと情報の流れとを一つの図に記載し，流れが停滞している箇所などの改善点を抽出する手法（5213）”と定義されている．

係が見えやすくなり，より広い領域の現状把握が可能となる．

図 4.8 はある工場における物と情報の流れ図である．図上部は主に管理部の統制する情報の流れであり，矢印付随の長方形内及び括弧内に，その情報の種類と特徴を示している．下部は主に工場における物の流れであり，情報の流れと同様，括弧内に物の流れの特徴を示している．三角形は在庫であり，括弧内にその時間（日数）を示している．最下部におけるタイムラインについては，上部に在庫時間，下部に生産時間が示され，リードタイムと実際の生産時間との関係が表現されている．

図 4.8 より，管理部は顧客企業からどのように情報を受け取り，どのようなタイミングで供給業者への発注や工場への生産指示を出していたかが把握できる．そして，その影響で物がどのような流れ

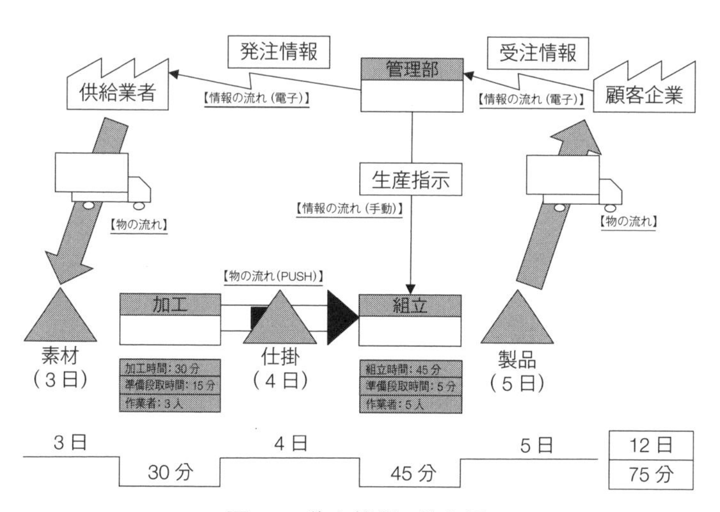

図 4.8　物と情報の流れ図

となるかが確認でき，どこに滞留が発生するかなどを検討することができる．さらに物の流れの淀みを抑えるために，かんばんの導入による引取り方式への移行についてもシミュレーションをすることが可能である．

以上のように，工程分析（対象：物）及び工程分析（対象：情報）とは異なる粒度で全体を俯瞰し，物と情報の流れについての把握及び改善の考案ができる．

4.4 新製品の開発における情報の流れ（品質展開）

前節では既存製品の生産に関わる情報の流れの可視化について解説した．本節では新製品の開発に関わる情報の流れについて解説する．

(1) エンジニアリングチェーン

情報の流れを可視化することで，情報が組織をまたがる様子が視えてくる．ここではものづくり企業において重要なエンジニアリングチェーンについて解説する．

エンジニアリングチェーンは，新製品開発までの流れを示しており，企画，開発，設計，製造の流れとなる（図 4.9 参照）．これは，工場内においては生産をデザインし，生産が開始されるまでの流れである．ここでのスムーズな情報の流れは，製品開発期間の短縮にも繋がる．

理想的には，リニアに順次情報が流れていくことであるが，実際

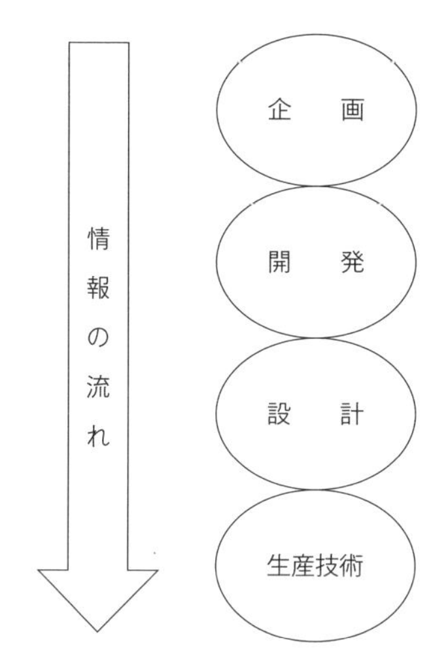

図 4.9　エンジニアリングチェーンにおける情報の流れ

は様々な制約で差し戻され，生産開始までに時間を要することとなる．例えば，設計から製造までの段階で，DR[*51]などで跳ね返されることや，生産設計時に設定した品質特性が出ず，戻ってくる可能性もある．

以上のことから，情報を主体とした工程分析を実施し，組織構造と情報の流れを重ねて視ることで，流れの淀みが明確化され，本チェーンの課題を明確にすることが可能となる．以下に，エンジニアリングチェーンに関わる組織とその役割を示す．

① 企画部

社会課題や顧客ニーズ，既存の製品・サービスの評価などをもと

[*51] Design Review：設計のできばえを評価及び確認する方法

に，製品の企画について考える．営業やマーケティング部より，製品企画に対する要望は多岐に渡るが，情報の流れを対象とした工程分析実施の必要性がある．

② 開発・設計部

企画部からの情報をもとに，新製品開発のための保有技術との関係などを検討する．最終的には製品設計を実施し，設計品質が示された設計図（設計データ）が作成される．

③ 生産技術部

開発・設計部より作成された設計図（設計データ）をもとに，工場で生産をするための準備を行う．具体的には，生産設計や工程設計の中で，品質を確保するための生産条件の設定などを実施する．

(2) 品質展開

品質機能展開は，新製品開発における情報を可視化し，設計品質*52を設定するための方法論である．このうち品質展開は，物の開発情報の整理をもとに，工程の管理特性までを繋ぎ，品質保証に貢献する（図4.10参照）．すなわち，エンジニアリングチェーンそのものの情報の流れである．本書では業務，工程，職場というように，具体的な作業をもとに少しずつ対象領域を拡げていることから，品質展開の解説においても同様のアプローチで考える．

① 工程管理項目と部品品質特性の二元表

一般的に各工程で管理すべき項目として，工程管理項目が定めら

*52 設計図に示された品質特性の目標値である．

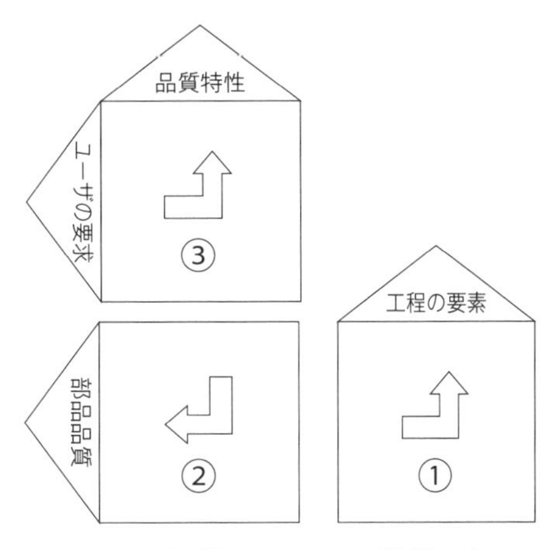

図 4.10　品質展開における情報の流れ

れている．具体的には，温度や時間などの生産条件や作業上の留意点である．作業者はこの留意点に基づいて生産を実施する．これらの作業上の品質に関わる留意点が記載されたものがQC工程表である（図4.11下参照）．

この工程管理項目は部品品質特性との二元表*53により関連付いている（図4.12参照）．工程管理項目における各々の水準を的確に遵守することは，工程で生産される部品設計品質が確保されることである．QC工程表の遵守は，部品設計品質を作り込むことに繋がる．また，重要管理項目が示されている場合は，該当工程で生産される対象が重要部品であるため，特に大切な生産となる．さらに該当工程は国内とは限らず，国外工場内ということも考えられる．そ

*53　二つの次元（世界）をつなぎ，関係をみることができる．

部品名	品質特性	許容値	期待値	許容値達成の必要理由
グロメット	厚さ寸法	○±△		フレーム重量315gを実現し，ラケットのふりぬき感を確保するため

グロメットの設計図面

工程図	工程名	管理項目（点検項目）	管理方法				関連資料
			担当者	時期	測定方法	記録	
ペレット ▽							
①	射出成形	厚さ寸法	検査員	1日5回	ノギス	管理図	検査標準
		（背圧）	作業者	開始時		チェックシート	
		（保持時間）	作業者	開始時		チェックシート	
②	バリ取り	接合部平坦度	検査員		目視	チェックシート	
▽							

図 4.11　QA 表と QC 工程表

［出典：永井一志（2017）：品質機能展開（QFD）の基礎と活用，p.46，表2.2，p.48，表2.3，日本規格協会］

の場合も，重要管理項目の意図が伝わるよう丁寧な伝達が大切である．

なお，この二元表を作成するためには，主に製造部門と生産技術部門が情報を持ち寄り，議論することが不可欠である．

② 部品品質特性と製品品質特性の二元表

部品品質特性は，製品品質特性と二元表により関連付いている（図 4.13 参照）．したがって，どの部品の設計品質の作り込みが，製品設計品質に影響を与えるかが明確になる．また，重要部品品質特性が示されている場合は，該当部品が重要部品であるため，特に

部品品質特性一覧表 ＼ 工程管理項目一覧表		グロメット製造			フレーム製造			焼付け			表面加工	
		成形機温度	射出圧力	冷却時間	繊維組合せ角度	シート枚数	巻付け回数	金型温度	焼入れ時間	冷却時間	塗装時間	塗装回数
グロメット	寸法精度	◎	◎	◎								
	強度	◎	◎	◎								
	耐摩耗性	◎	◎	◎								
フレーム	芯材の形状精度				◎			◎	◎	◎		
	剛性					◎		◎	◎	◎		
	重量					◎	◎	○	○	○		
キャップ	内径寸法											

図 4.12 工程管理項目と部品品質特性の二元表
［出典：永井一志（2017）：品質機能展開（QFD）の基礎と活用，p.42，表 2.1，日本規格協会］

大切な設計となる*54.

これを工程からの繋がりで示すと，重要工程管理項目を遵守することにより重要部品の生産が行われ，重要部品特性を意識して設計することで，重要製品品質特性の作り込みに貢献する.

なお，この二元表を作成するためには，主に生産技術部門，設計部門，開発部門が情報を持ち寄り，議論することが不可欠である.

③ 製品品質特性と顧客要求品質の二元表（品質表）

製品品質特性は，顧客要求品質と二元表により関連付いている

*54 重要部品について，図面や許容値達成理由などを示したものがQA表（図4.11上）である.

部品品質特性一覧表 ＼ 製品品質特性一覧表		フレームの剛性	振動吸収性	グリップ素材	グリップ形状	空気抵抗	フレーム長さ	フレーム材質	フレーム形状	フレーム重量	バランス	メンテナンス性	デザイン性	・・・
グロメット	寸法精度	○	◎	○		○		○		◎	○			
	強度	◎				◎		◎	○					
	耐摩耗性		◎	○	○			○	○	◎	○	○		
フレーム	芯材の形状精度			◎	◎							○		
	剛性					◎	○	○	◎	○	◎			
	重量	○							◎					
キャップ	内径寸法												◎	

図 4.13　部品品質特性と製品品質特性の二元表
［出典：永井一志（2017）：品質機能展開（QFD）の基礎と活用，p.42，表 2.1，日本規格協会］

（図 4.14 参照）．したがって，どの製品設計品質の作り込みが，顧客要求品質に影響を与えるかが明確になる．また，重要要求品質が示されている場合は，該当製品品質特性が重要特性であるため，特に大切な特性となる．

これを工程からの繋がりで示すと，重要工程管理項目を遵守することにより重要部品の生産が行われ，重要部品特性を意識して設計することで，重要製品品質特性の作り込みが行われ，関連する重要顧客要求品質の向上に貢献する．

なお，この二元表を作成するためには，主に設計部門，開発部門，企画部門，マーケティング部門，営業部門が情報を持ち寄り，議論することが不可欠である．

要求品質一覧表＼製品品質特性一覧表	フレームの剛性	振動吸収性	グリップ素材	グリップ形状	空気抵抗	フレーム長さ	フレーム材質	フレーム形状	フレーム重量	バランス	メンテナンス性	デザイン性	・・・	重要度	自社レベル	他社A	他社B	他社C	企画品質	重要要求
長い間使用しても手が疲れない	○	◎	○		○		○		◎	○				5	4	2	5	2	5	◎
ボールの反発力がよい	◎				◎		◎	○						5	3	4	4	4	4	
ひじへの負担が少ない		◎	○	○			○	○	◎	○	○			1	4	3	4	3	4	
グリップの握り心地がよい			◎	◎							○			3	3	3	3	3	3	
ラケットの振りぬきがよい					◎	○	○	◎	○	◎				5	3	2	5	3	5	◎
スイート・スポットが大きい	○							◎						4	5	5	5	5	5	
流行の色使いである												◎		4	2	4	1	2	3	
・・・																				
品質特性重要度	33	18	25	15	40	10	37	53	28	27	14	27								
設計品質	フレックス65	●●システム採用	略				グラファイト，ケプラー	ストリング16×19	315±5g	315±7mm	略									

図 4.14　製品品質特性と顧客要求品質の二元表（品質表）
［出典：永井一志（2017）：品質機能展開（QFD）の基礎と活用，p.42，表 2.1，日本規格協会］

④　情報の流れ

①～③では，製造→設計→開発→企画の組織の繋がりを確認した．実際の業務の流れは逆順となり，マーケティング部門，営業部門，企画部門と協議の上で企画が決まり，その企画に関連する重要品質特性を把握した上で製品の重要設計品質を定める．そして製品の重要設計品質に関連する重要部品が決まり，重要部品設計品質を定める．最後に，重要部品設計品質を作り込むために重要工程を特定して管理項目を設定し，QC 工程表に落とし込む．そして，本製品の生産に関係するサプライチェーンを構成する国内外の工場に

伝達されることになる．このとき，QC工程表への記載は，管理項目→部品→製品→要求品質という繋がりが記載されている必要がある．すなわち，工場における作業が顧客ニーズと繋がっていることを示し，顧客という認識のもとで作業をすることが，品質を工程で作り込むという真意に通じることになる．

エンジニアリングチェーンを可視化する品質展開は，上記のように顧客ニーズに紐付ける形で組織の繋がりを強めることになる．ここで課題としては，エンジニアリングチェーンは単一品種，サプライチェーンは複数品種を扱っている．これは新製品開発の流れと既存製品生産の流れであり，二つの交点は情報が交錯し，なかなかスムーズな生産開始が困難な側面がある．是非，組織間で課題を共有し，双方の流れの整流化に努めていただきたい．

4.5 まとめ

本章では，組織における基礎知識を確認した上で，組織間でやり取りされる情報に目を向け，把握する方法を解説した．ここで情報の流れとしては大きく二つに分類でき，一つが既存製品・サービスの生産（サプライチェーン）に関わる情報のやり取り，もう一つが新製品・サービスの開発（エンジニアリングチェーン）に関わる情報のやり取りである．両者の情報の流れを可視化する方法として工程分析（対象：情報）を示し，他の対象（人，物）と同様，シンプルな記号を用いての流れの把握について解説した．また，比較的高い抽象度であるが，物と情報の流れの両方を絵として示し，タイミングなどを議論する物と情報の流れ図についても解説した．手法の粒度は違うが，いずれも記号化を図りながら現状の情報の流れを把握する方法であり，情報の流れの整流化に繋がり，その結果，物の流れの整流化に貢献すると考える．

さらに新製品・サービスに関するエンジニアリングチェーンを解説し，そこでの必要な議論を円滑に進めるための方法論として，品質展開を解説した．現場の業務をもとに少しずつ領域を拡大してきたが，本章において企業組織全体へと拡がった．是非一度，企業組織全体における業務の役割を改めて検討し，新たな気づきに繋げていただきたい．

コラム5：アローダイアグラム

完全受注生産などのプロジェクト型の仕事の場合，開発からすべての作業をデザインする必要がある．また，IT産業においては要件定義からシステム全体を構築し，運用においても軌道に乗るまでを任される可能性がある．このような大規模な開発及び生産に対して，全体の日程の把握ができ，なおかつ自身の担当職場の役割及び意味合いを明確にするためのツールにアローダイアグラムがある．

図4.15がアローダイアグラムである．矢線が作業（業務），丸印が作業の始まりと終わりを表し，一つの作業に対しては必ず始まりと終わりを示さなければならない．作業の先行関係について，複数の作業が終らないと次の作業が始められないような状況の場合，ダミー作業を用いて表す（図4.16参照）．アローダイアグラム全体としては，始点と終点は一つとする．

図4.15の先行関係を考慮してアローダイアグラムが描けたら，続いて各作業を繋ぐ始点と終点に対して，表の作業時間を考慮して作業の到達時刻を記載する．はじめに左から右に向かって，最早

作業名	先行作業	所要時間（単位：分）
a. 運搬		12
b. テレビ設置	a	12
c. 配線	a	7
d. チャンネル設定	a	18
e. 起動確認	b	2
f. 説明	b, c, d	7
g. 撤収	e, f	2

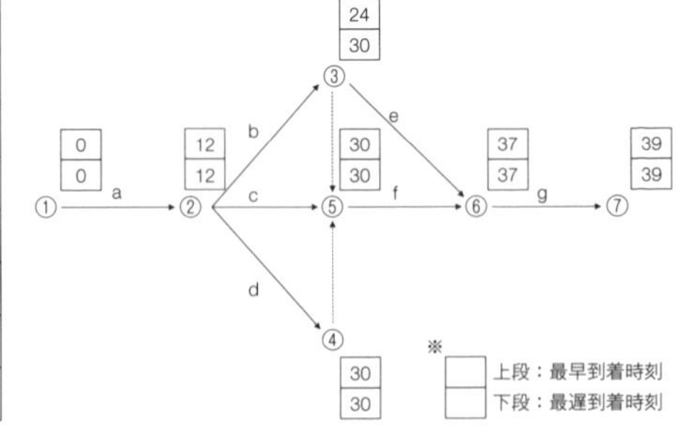

図4.15　アローダイアグラム

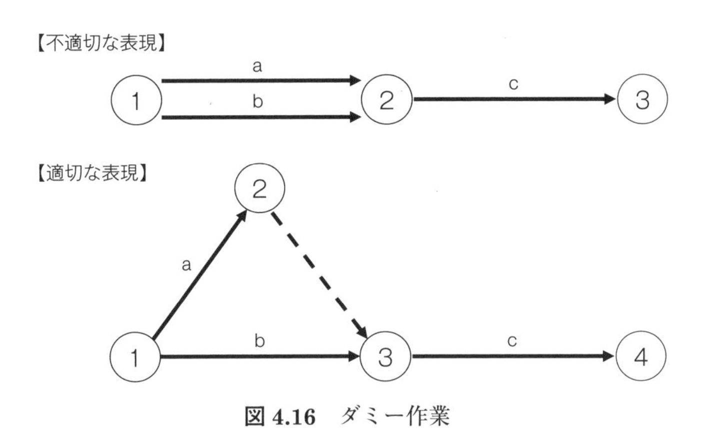

図 4.16　ダミー作業

到着時刻*[55]を記載する（アローダイアグラム全体の始点の最早到着時刻は“0”）．注目すべきは矢線の先端で，丸印に矢線が一つ刺さっている場合には，始点の最早到着時刻に作業時間を加えるが，二つ以上刺さっている場合には全候補を計算して最大の時間を最早到着時刻とする．すべての最早到着時刻を記載後，続いてアローダイアグラム全体の終点*[56]の最早到着時刻を最遅到着時刻に転記する．最後に右から左に向かって，最遅到着時刻*[57]を記載する．ここで注目すべきは矢線の矢元で，丸印から矢元が一つ出ている場合には，終点の最遅到着時刻に作業時間を減らすが，二つ以上出ている場合には全候補を計算して最小の時間を最遅到着時刻とする（図

*[55]　図 4.15 における各丸印の上段に記入

*[56]　図 4.15 における⑦

*[57]　図 4.15 における各丸印の下段に記入

4.15参照).

すべての最早到着時刻及び最遅到着時刻が計算されたのであれば，続いて各作業の最早開始時刻と最早完了時刻，最遅開始時刻と最遅完了時刻を求める（表4.1参照）．はじめに【1】について，図4.15より各作業に対応する最早到着時刻を転記する．続いて【4】について，図4.16より各作業に対応する最遅到着時刻を転記する．続いて【2】について“【1】＋作業時間”を，【3】について“【4】－作業時間”で算出する．続いて【5】について“【3】－【1】”又は“【4】－【2】”により算出する．最後に【5】が“0”のところに印を付けてクリティカルパスを求める（図4.17参照）．

【4】の余裕について気をつけておくべきことは，該当作業を含むルートに与えられたものであるので，作業単体ですべての余裕を使うことができるものと，他の作業の余裕に影響を与えてしまうものとを把握する必要がある．

アローダイアグラム，各作業時間の詳細，クリティカルパスを求

表4.1　作業の詳細

作業名	先行作業	所要時間（単位：分）	【1】最早開始時刻（ES）	【2】最早終了時刻（EF）	【3】最遅開始時刻（LS）	【4】最遅終了時刻（LF）	【5】余裕（TF）	クリティカルパス
a. 運搬		12	0	12	0	12	0	◎
b. テレビ設置	a	12	12	24	18	30	6	
c. 配線	a	7	12	19	23	30	11	
d. チャンネル設定	a	18	12	30	12	30	0	◎
e. 起動確認	b	2	24	26	35	37	11	
f. 説明	b, c, d	7	30	37	30	37	0	◎
g. 撤収	e, f	2	37	39	37	39	0	◎

ES（Earliest Start time）　：最早開始時刻
EF（Earliest Finish time）　：最早終了時刻
LS（Latest Start time）　：最遅開始時刻
LF（Latest Finish time）　：最遅終了時刻
TF（Total Float）　：余裕

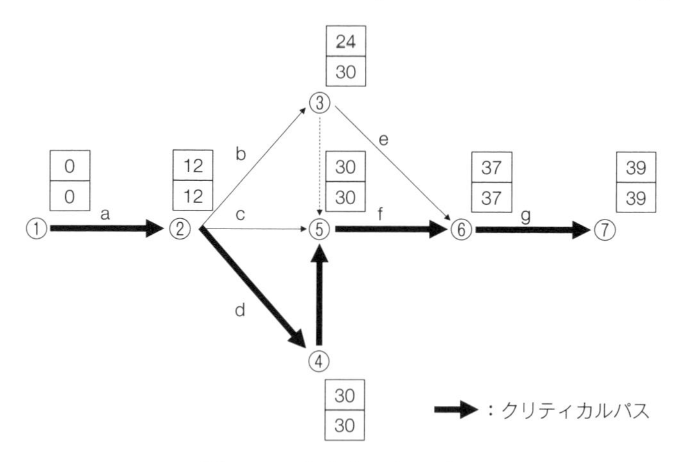

図 4.17　クリティカルパス

めた後，担当業務について考察を加える．はじめに担当業務がクリティカルパスに該当するかどうかである．該当している場合は，余裕のない業務に従事しており，業務の遅れがプロジェクト全体のリードタイムに影響する．したがって，慎重に業務を進め，期日通りに完了させることが重要である．該当しない場合については余裕のある業務となるが，担当業務が単独で使える余裕かどうかを確認する必要がある．

以上，アローダイアグラムにおける検討事項を示したが，全体日程と担当業務の関係性を常に把握することが大切である．

第5章 事業全体の把握

第4章では情報の流れをもとに組織への意識を強め，組織のデザインについて解説した．組織の構造によって分業と調整の仕方が異なるため，利欠点が存在する．デザインされた組織において人は働き，成長をしていくため，組織構造は人材育成にも影響する．それでは，組織構造は何に基づきデザインされるのであろうか．その答えは戦略である．本章では戦略に目を向け，戦略の影響について解説する（図5.1参照）．

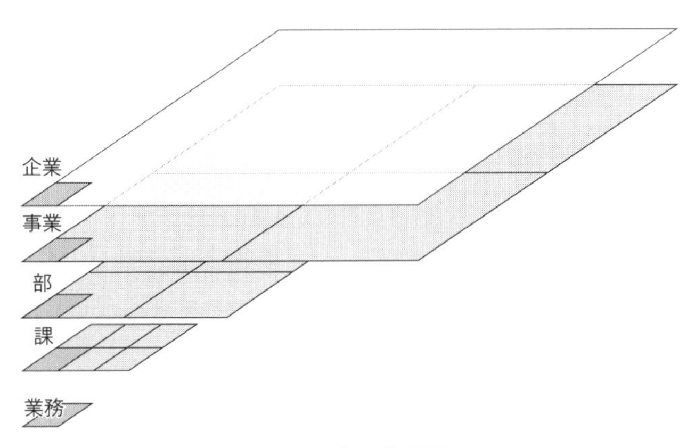

図5.1 本章の位置付け

5.1 戦略の存在

一般的に企業で活動する従業員は，戦略自体を新たに立案する場を除いて，戦略を意識することは難しい．その一方，通常の業務を遂行しているということは，事前に策定した戦略を実行していることである．したがって，顧客が企業から受けるサービスについては，その企業における戦略の一端に間接的に触れていることになる．それは顧客と接する従業員が，戦略に基づいて行動をしているからである．

戦略は，その語感から受ける印象では，経営のトップ層のみが知り，大多数の従業員には関係がないと思われるかも知れないが，企業全体が戦略に基づいて活動をするため，すべての従業員に影響を与えていることになる．以上のことより，戦略の及ぼす影響は，経営トップから最前線の従業員までの組織全体となる．

5.2 事業戦略と全社戦略の関係

戦略には，大きく“事業戦略”と“全社戦略”の二つの種類がある．図5.3は，複数の事業を持つ企業（図5.2参照）において，この2種類の戦略の関係を示したものである．第4章でも解説をしたが，“事業”というのは，ビジネスの単位であり，事業一つひとつにビジネスモデルがある．したがって，事業ごとに戦略が存在し，これが事業戦略である．事業戦略は競争戦略と呼ばれるが，これは他社が抱える事業と競争を余儀なくされるからである．競合他

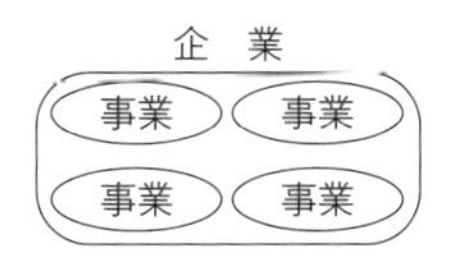

図 5.2　事業と企業

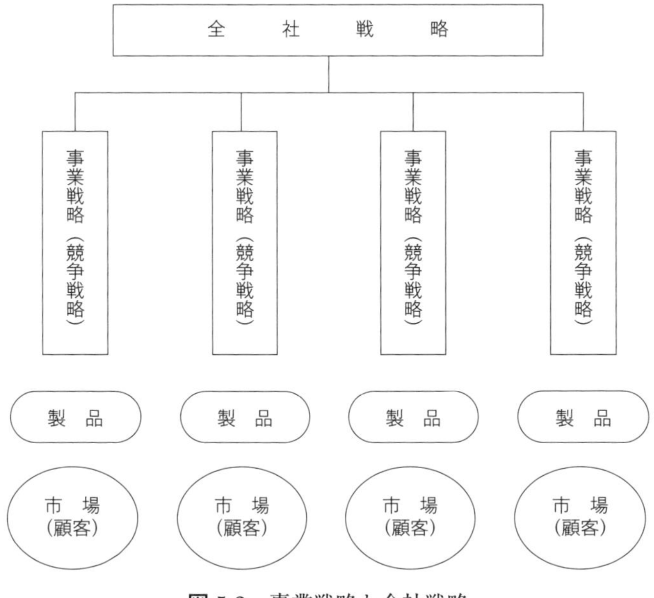

図 5.3　事業戦略と全社戦略

社とは，事業で競合している企業となるため，厳密にいえば，企業同士で争っているのではなく，企業の抱える事業同士で争うこととなる．以上のことより，同一企業内の事業において，ある事業の競合他社はＡ社，ある事業の競合他社はＢ社となる．

全社戦略は企業の抱える事業を対象として，各々事業の成長の方向性を決めて，人，物，カネなどの経営資源の割振り方を示すものである．企業全体を最も俯瞰的に視ることになり，企業の成長に向けて，各々の事業がどうあるべきかを検討していく．

5.3 事業戦略

どのような事業戦略のもとで，自身の担当する製品やサービスが位置付けられているのであろうか．本節では事業戦略の最も基本的な差別化戦略とコストリーダーシップ戦略を解説する．

(1) 差別化戦略

企業で提供する製品・サービスが，顧客から見たときに，競合他社との違いを明確にしていく戦略である．この差別化戦略において最も重要視されるのが，“マーケティング戦略”である（図5.4参照）．後述する4P，STPなどのマーケティングのアプローチをうまく用いて，市場における製品・サービスをフィットさせ，競合他社と異なる位置付けを確立した上でビジネスを展開していくことになる．

例えば，顧客ニーズに対して製品の品質特性で明確な差別化をしていきたいのであれば，製品→部品→工程と繋がり，QC工程表で求められる管理項目の水準の厳しさに繋がっていると考える．そしてこれは，企業の有する固有技術の結果が，製品としての差別化に大きく貢献しているといえる．この辺りは，品質展開による情報の整理整頓のプロセスにおいて，サービスを含めた差別化に関連する

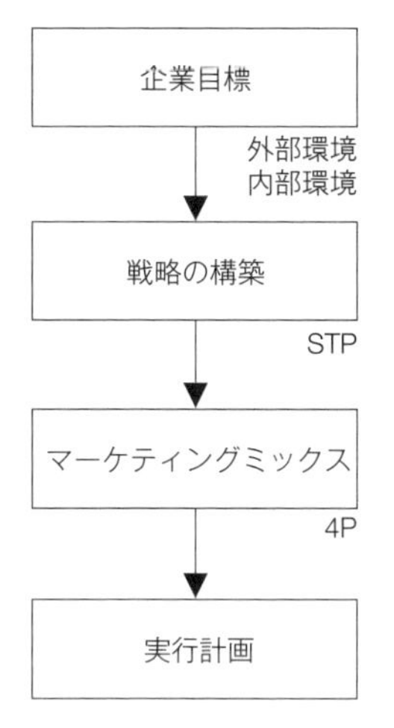

図 5.4　マーケティング戦略

議論が実施されているはずである．

生産に関連する業務に携わっている人は，一度生産対象を顧客の視点から見て，その市場における競合他社製品と比較してみることで，差別化戦略の真意が理解できると考える．営業に関連する業務に携わっている人は，製品・サービスについての知識だけでなく，生産上の特徴についても的確に把握することで，自社技術についての理解が進み，訴求がしやすくなると考える．

①　4P

ここでは上述の 4P について解説する．4P は Product，Place，Price，Promotion の四つの頭文字を取ったもので，製品・サービスを市場に投入する上で，考えるべきキーワードである．伝統的なマーケティングのアプローチであるが，ポイントは製品・サービスの提供側が，この四つについてどの程度理解をしているかである．

まずProductは，そもそもその製品・サービスは顧客にどのような価値を提供しているのかを，真に検討することである．この意思統一が，企業内の多くの役割の中で理解されていることが重要である．何を作り，何を提供しているのかは，自明であるように思えるが，その実を改めて考えてみてほしい．Placeはサプライチェーンの出口に相当するものである．提供する製品・サービスを，顧客がどこで接することができるかである．例えば，インターネット販売サイトにより，顧客が注文した物が，最終的に注文者の家に届くという場合は，顧客の家のドアや宅配ボックスが出口となる．この出口をどのように捉えるかにより，顧客の製品・サービスへの印象は影響を受ける．サプライチェーンの設計は，マーケティングにおける4PのPlaceと関係することがわかる．Priceは製品・サービスの価格であるが，当然のことながら価格に対する顧客の感度は強い．競合他社との比較も十分に検討しなければならないが，安価だからよいという訳ではなく，製品・サービスに対する印象をも検討事項に入れる必要がある．最後のPromotionは，製品・サービスをどのように顧客に認知していくかである．宣伝や広告の仕方など，どのような伝え方で顧客が見聞きするかにより，対象となる製品・サービスの広まり方は異なる．人間同士の場合，第一印象は数秒で決まるといわれており，その大切さは疑いようがないが，製品・サービスについても同様にどのように目耳にするかは重要である．

以上，4Pについて解説をしたが，製品・サービスについては，これらのキーワードをもとに組み合わせて，競合他社との差別化を図り，世に広めていくことになる．今まで物を作ることに専念され，生産された物がどのように広められているかをあまり把握したことがない人は，是非一度，自社の製品・サービスがどのような意図を持って市場に出ているかを把握いただきたい．

② STP

4Pでは自社の生産する製品・サービスを中心に考えられていたが，市場側を中心に考えるアプローチが，Segmentation, Targeting, Positioningの頭文字を取ったSTPである．同じ製品・サービスでも投入される市場の特徴で，その差別化度合いは異なってくる．

まずSegmentationは，市場を様々な角度で視て，同じニーズを有する人を探索していくことである．これは層別のことであり，例えば，年齢，所在地，趣味などである．どのような切り方で表現ができるかが重要で，なおかつそのニーズが潜在的なほど，他社より一歩リードすることになる．切り方は，二軸などを用いて示すことで，今まで気がつかなかったニーズを表現できる可能性がある．そしてTargetingは，層別した市場に対して，自社の製品・サービスの競争優位性を検討し，領域を決定する．最後にPositioningは，決定した領域において，自社の製品・サービスが競合他社とどのように差別化ができるかを検討し，4Pなどを用いて位置付けることである．

4P同様，製品・サービスを生産することが中心だった人も，自身の関係している製品・サービスが，どのような市場を狙って，競合他社との差別化を実現しているかを把握していただきたい．4P 同様，新たな側面が見え，生産側での品質の作り込みにもポジティブな影響を与えると考える．

(2)　コストリーダーシップ戦略

もう一つの代表的な事業戦略は，コストリーダーシップ戦略である．これはその名の通り，競合他社と比較してコストを削減し，価格面で優位性を見出そうとするものである．コストを削減するためには，製品・サービスを生み出すオペレーションのやり方を突き詰め，生産性を極限まで高めていくことである．ここまでものづくり現場における作業改善についても解説をしてきたが，これらは価格となって製品に転嫁され，それはコストリーダーシップ戦略の一環としての活動という側面も持つことがわかる．

コストリーダーシップ戦略で大切な要素の一つは，経験効果である．これは文字通り，経験による効果を指しており，例えば生産数が多くなれば多くなるほど，ものづくりの経験が上がり，効率が良くなることを示している．作業という観点では，習熟がこれに相当する．具体的には競合他社より早くビジネスモデルを築き，該当のオペレーションを実行することにより，経験という無形資産を蓄積する．単位時間当たりの生産数を増加させることで，固定費を割る数が増え，価格に反映させていくことである．

コストリーダーシップ戦略は，日本の改善が大きく貢献するといえる．独自のポジションを築くビジネスモデルの構築や，新規事業創造のアイデアは，企業の成長に欠かすことはできない．特に社会課題解決など，昨今の経営環境においては，上記のことが要求されるケースが少なくない．しかしながら，これらが可能となるのは既存事業の支えがあってこそでもある．そして，既存事業で持続的に利益を上げている企業の多くは，競争の激しい市場においても，コストを削り，価格を落としていくアプローチが確立されていると考える．

5.4 全社戦略

5.3 節では，企業における一つひとつの事業についての戦略について解説した．それらの事業を俯瞰し，人，物，カネなどの割振りを実現するのが全社戦略である．企業の抱える事業に対して，その方向性を含めて意思決定をしていく．ここでは全社戦略の考え方を解説する．

(1)　企業成長の方向性

図 5.5 は，企業全体としての方向性を示したアンゾフのマトリックスである．事業の有する製品・サービスについて既存と新規，製品・サービスの投入市場について既存と新規と四つに分けている．

“市場浸透戦略”は，既存の市場に対して，既存の製品・サービスを用いて，さらなる認知度を向上させていくことである．“製品開発戦略”は，既存の市場に対して，新規の製品・サービスを用いることである．“市場開拓戦略”は，既存の製品・サービスを新規の市場に対して投入していくことである．“多角化戦略”は，新規

		製品 既存	製品 新規
市場（顧客）	既存	市場浸透戦略	製品開発戦略
	新規	市場開拓戦略	多角化戦略

図 5.5 企業成長の方向性

の製品・サービスを新規の市場に投入していくことである．多角化戦略については，製品・サービスと市場が全くの新規であることから，新しい事業として取り組むケースが多い．

さて，全社戦略としてそれぞれの方向性を示したが，それぞれ要求される経営資源が異なる．例えば，市場浸透戦略においては，製品・サービスの訴求力の向上に努める必要があるため，4Pの組合せを変更し，販売促進の仕方に変化を加えることなどである．製品開発戦略においては，市場の要求する製品・サービスと自社技術の擦り合わせに向けて，営業と開発の距離を縮めるなどの組織的変革が求められるかも知れない．また，オープンイノベーションやM&Aなどに発展する可能性も捨てきれない．

自身の携わっている事業が，全社的にどのように見えて，どのような方向性を見据えているのかを考えることは，社内での大きな現状把握となるため，位置付けを考えていただきたい．

(2) 多角化の方向

図5.6は，企業の有する事業とその活動領域を示すものである．事業を水平に，活動領域を垂直に並べて整理している．活動領域に

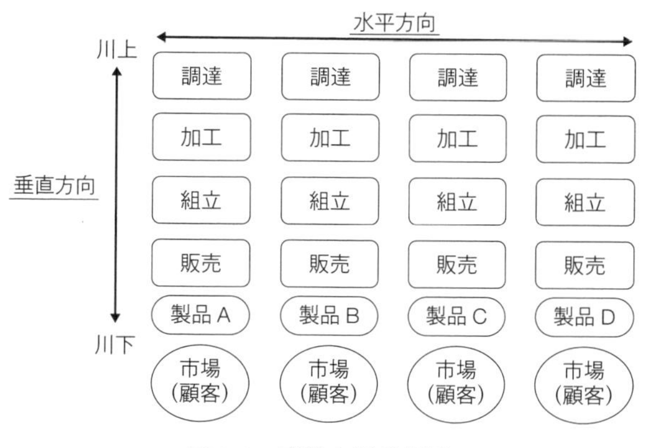

図 5.6　事業と活動領域

ついては川の流れで表現されることが多く，その多くの場合が下流に顧客が位置付けられるため，サプライチェーンという解釈もできる．

全社戦略は，企業全体を俯瞰し，企業の進むべき方向を踏まえて，経営資源を割振りする．図 5.6 は，企業活動全体を俯瞰できるため，とても便利なものであるといえる．この図より，多角化戦略は，二つの方向性を有していることがわかる．一つは事業数を増やすことであり，これを水平的拡大という．新規事業創造はこの水平的拡大に該当する．もう一つが活動領域を増やすことである．例えば今まで組立製造が主だったが，一部販売も担当するなどであり，これを垂直的拡大という．また，逆に事業を撤退することや活動領域を縮めることを，それぞれ水平的縮小，垂直的縮小という．この撤退に関する意思決定の方法の一つとして，PPM（コラム 7 参照）がある．

全社戦略は，企業全体の方向性に基づいて事業単位のマネジメントをすることである．それでは企業全体の方向性はどのように決定されるのであろうか．第6章では，企業の進むべき方向性となるビジョンの策定について解説する．

5.5 まとめ

本章では戦略の基礎知識を解説した．企業は戦略に基づいて組織が作られて活動をしているため，担当する業務の意味合いを考えていくと，戦略に至る．しかしながら日常業務の中に留まっていては，意識的に視ないと戦略は視えてこない．企業全体にまで意識が及んだのであれば，企業全体から見て担当業務はどのような事業で，どのような戦略で動いているかを把握いただきたい．その過程で現行の組織の意味合いも見出され，さらに現状の業務への理解が深まると考える．

以上のことより，戦略と組織，エンジニアリングチェーンとサプライチェーンを把握した上で業務が位置付くため，より大きな文脈の中での現状把握に繋がったと考える．

コラム6：長期利益の獲得

戦略の目的は，企業において最も重要な長期利益の獲得である．競争戦略論で著名な楠木建氏は，その著書[*58]において，「“良い戦略”は利益までの道のりに因果関係で繋がれたストーリー性があり，さらに一見すると非合理にみえても全体を俯瞰すると合理的にみえる戦略である」と述べている．

企業における戦略は，因果関係の繋がりとして示すことができる．因果関係とは文字通り原因と結果の関係であり，戦略は事業全体が対象となるため，原因は調達先の選定，人材育成の方法などの方策に相当する．図5.7は矢印が方策であり，その結果ある事象が導かれ，その事象に対してさらに方策を打つという因果連鎖を表現しており，最終的なゴールとして利益獲得に結び付いている．なお，上下の図とも，同じ事業を対象とした戦略を示している．

因果関係とは別の概念に合理性がある．合理性は，二つの方策から一方を選択する状況において，筋の通り具合や論理的な結合度を根拠に判断する．上図（部分で視る）は破線の枠内において筋の通り具合を利益という合理性で判断した場合，eの経路を取ることを示している．下図（全体で視る）はストーリー全体における事業コンセプトの維持という合理性で判断すると，破線の枠内において上図とは異なり，fの経路を取ることを示している．一般的に利益を合理性の尺度と考えるのは当然のことであるので，多くの企業は上図の経路をとる．これは他社が，下図のような利益の合理性がない

[*58] 楠木建（2010），ストーリーとしての競争戦略，東洋経済新報社

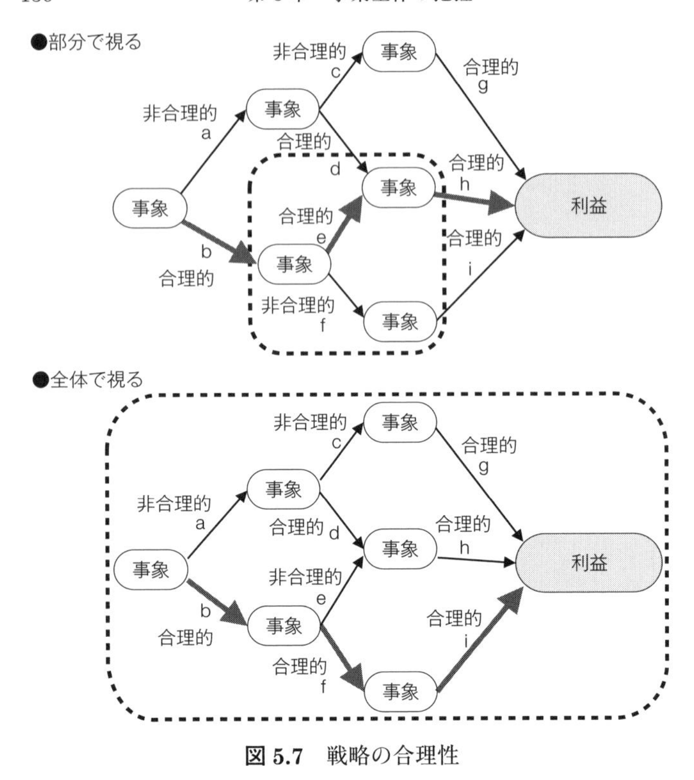

図 5.7　戦略の合理性

fの方策を採ることの難しさを示している．したがって，このような戦略を描くこと自体が，模倣困難性に貢献することとなり，長期的利益の獲得に繋がることとなる．

以上のことより，“良い戦略”は因果関係の繋がりを意識した文脈のある全体像（ストーリー性があり）を描き，なおかつ利益などの一般的な企業の目的合理性では非合理的に映り，全体的な事業コンセプトで視ると合理的に視える方策である．そのためには，事業コンセプトを明確化し，ターゲットとなる顧客像及びターゲット外となる顧客像を際立たせ，両者を暗黙的に識別するストーリーを構築することが挙げられる．

コラム7：PPM（Product Portfolio Management）

PPMは複数の事業（又は製品）を営む多角化した企業の全社戦略において，事業（又は製品）に対する経営的意思決定を行うために利用される．縦軸を市場成長率，横軸を相対市場シェアとして四つの象限に区切り，対象事業（又は製品）の位置付けにより意思決定の種類が異なる（図5.8参照）．

縦軸は市場成長率を示しており，高いほど上部に，低いほど下部に位置する．市場成長率は製品ライフサイクル（図5.9参照）と経験効果で考えるとイメージがしやすい．製品ライフサイクルについては，市場における製品・サービスの売上げの推移を示しており，投入時は認知度が低いため売上げも小さいが，徐々に認知度を高めて売上げが上昇し，その後，競合他社の新製品・サービスの投入などから売上げが下降していく．一般的に推移を，“導入期”，“成長期”，“成熟期”，“衰退期”の4段階で表すことが多い．したがって，市場成長率が高いということは“導入期”や“成長期”の段階であり，低いということは“成熟期”や“衰退期”を意味する．経験効果については5.3節（2）の通りであり，市場成長率が高いということは該当の事業（製品）の経験が浅いため効率が悪く，かかるコストも大きく，反対に市場成長率が低いということは経験が豊富なため効率が良く，かかるコストが小さい．横軸は相対市場シェアであり，高いほど左側に，低いほど右側に位置する．相対市場シェアはライバル企業に対するシェアであり，中心の“1.0”よりどちら側に位置付くかが分かれ目である．

四つの象限として，まず“花形”については市場成長率が高く，

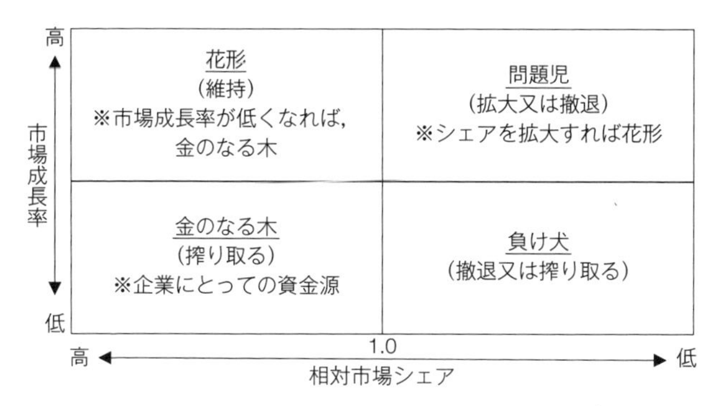

図 5.8　PPM の各象限の意味と意思決定[33)]

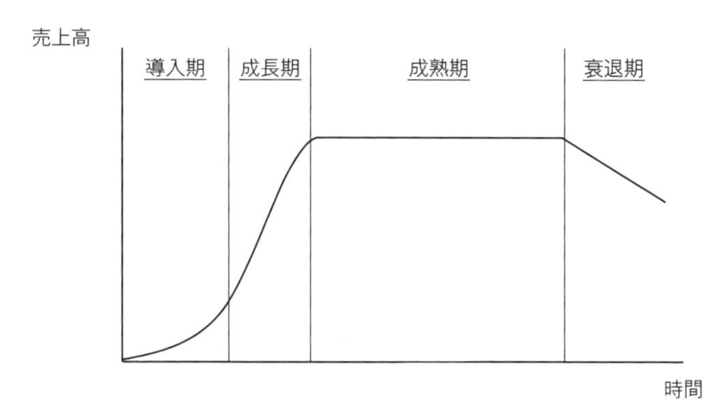

図 5.9　製品のライフサイクル[22)]

相対市場シェアが高い．したがって，新しい製品・サービスのため認知度は低く，経験は浅くコストがかかる．しかしながら，シェアは競合他社より大きいので売上げも大きい．以上のことより，入り（売上げ）と出（コスト）が多量であり，社内で目立つ動きとなる．この象限に位置付いた事業（又は製品）は，時間が経過して市場成長率が低まったとき，現在のシェアを維持できれば，“金のなる木”となる可能性がある．意思決定としては，コストをかけて現状を“維持”することが大切である．

次に“金のなる木”については市場成長率が低く，相対市場シェアが高い．したがって，対象事業（製品）の認知度は高く，経験豊富であるためコストもかからない．シェアは競合他社より大きいので売上げは大きい．以上のことより，入りは大きく出は小さいため，利益を生む事業（又は製品）である．ここでは可能な限り利益を稼ぎ，その利益を別の象限への意思決定に繋げる．

次に“負け犬”については，市場成長率が低く，相対市場シェアが低い象限である．したがって，対象事業（又は製品）の認知度は高く，経験豊富であるためコストはかからない．しかしながら，シェアは競合他社の後塵を拝している．以上のことより，入りは小さく出は小さいため，対象事業（製品）の利益を精査して，黒字を出している場合はキャッシュを稼ぎ，赤字であれば撤退という判断が妥当である．

最後に“問題児”については，市場成長率が高く，相対市場シェアが低い象限である．したがって，対象事業（又は製品）の認知度は低く，経験が浅いためコストはかかる．シェアについては競合他社の後塵を拝している．以上のことより，入りは小さく出は大きいため，対象事業（製品）の今後の市場規模の予測や現段階の自社の評価を把握し，シェアの挽回が可能な場合には投資をし，難しい場合は撤退という判断が妥当である．

コラム 8：財務管理の位置付け

第 4 章で組織，第 5 章において戦略の基礎知識を解説した．この二つはビジョンやコンセプトに基づいて策定及び設計されるため，企業の未来を創っていくために不可欠なものである．もう一つ，企業経営にとって不可欠なものにお金を管理する財務管理（会計）がある（図 5.10 参照）．当たり前であるが，企業は利益を上げて経営を続けていく．また，企業は社会的な活動の一つであるため，損益計算書や貸借対照表などの財務諸表を作成し，企業経営の適切性を公開していく必要がある．

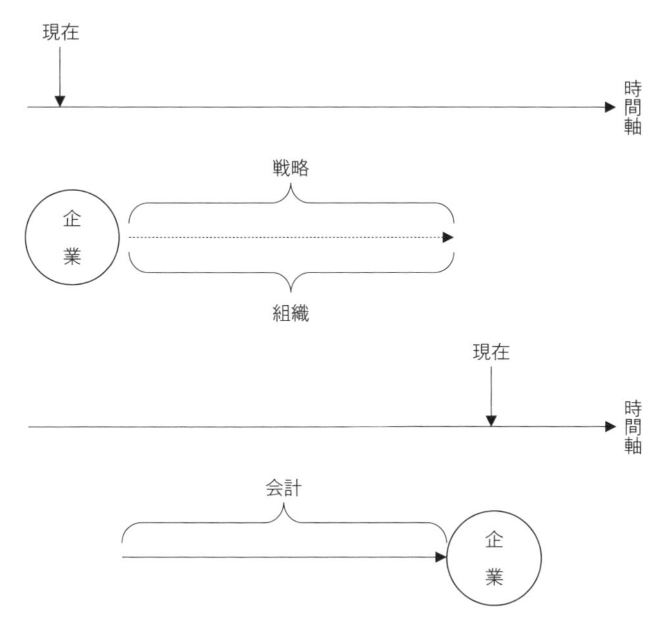

図 5.10　企業における戦略，組織，財務管理の時間軸上の位置付け

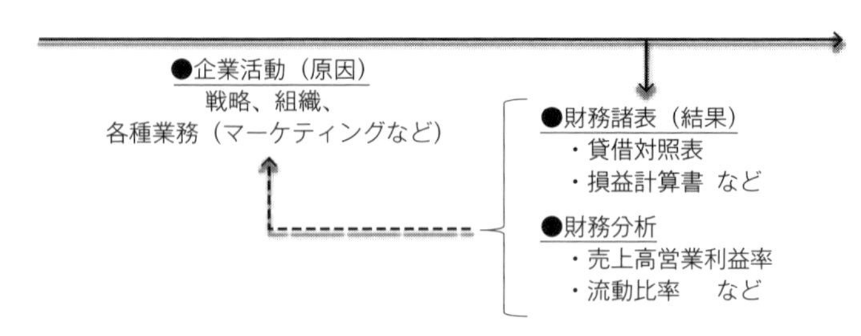

図 5.11　企業活動と財務管理の関係

以上のことより，企業経営にとって財務管理は，戦略や組織とは異なる役割を担っている．具体的には，企業における活動の結果をお金という角度で評価する位置付けとなる（図 5.11 参照）．したがって，戦略や組織とは位置付けが異なり，過去の活動を適切に整理及び評価し，悪い場合は活動についてフィードバックをしていくこととなる．なお，財務諸表だけの判断では前期との比較などがベースとなるため，同じ業界内の競合他社との比較を財務分析により実施し，フィードバックをすることもある．財務分析は額ではなく割合を用いるため，企業規模が異なる場合でも比較ができる利点がある．

第6章　企業全体の把握

ここまで，業務の分析をきっかけに，職場内の物の流れやサプライチェーン内の物の流れを把握し，続いて物を動かすための情報の流れとなるエンジニアリングチェーンに目を向け，組織を意識しつつ全体像を把握し，さらに業務や組織構造がどのように決定されるのかの視点より，戦略の役割を解説した．それでは戦略は何に基づいて策定されるのであろうか．それは事業コンセプトや企業ビジョンである．本章では企業の社会的意義及び活動の方向性を示すビジョンについて解説する（図 6.1 参照）．

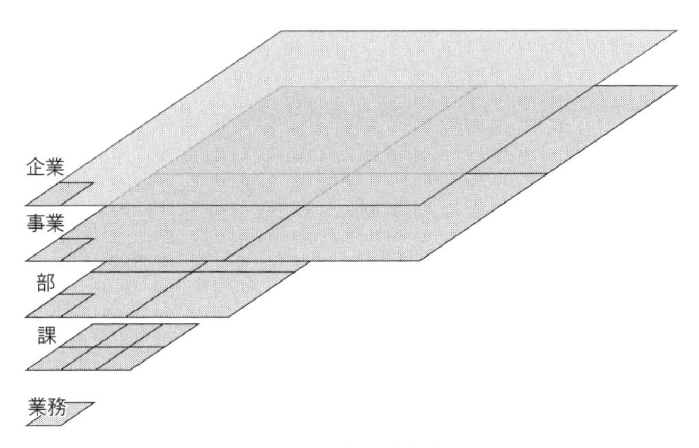

図 6.1　本章の位置付け

6.1 ビジョンとは

企業は社会の中に存在している．企業が社会に対して果たすべき使命や役割として，企業の存在意義を規定したものが“ミッション”であり，その企業の活動を通じて実現したい未来が“ビジョン”である．さらに具体的に企業の活動を事業として行う上での本質的特徴を示したものが“コンセプト”である．

従業員については，意識的か無意識的かに関わらず，少なからず創業者の社会に対する想いに共感し，企業における活動に従事している．その想いは企業の進むべき方向性を決め，企業として今日まで歩んでいる．

抽象的な概念ではあるが，上述のように企業の起こりを考えると，まずはビジョンやコンセプトがなければならない．その後，戦略に則り，段々と形作られて企業組織となり，業務に繋がるイメージが持てると考える．これは起業に不可欠なお金の融資にしても同様である．現存する企業はゼロからスタートをしているので，創業者の頭の中にビジョンなどの理念が真っ先に生まれて，それを他者と共有しながら拡がり，実際の企業として実体をもった活動に現実化をしていく．

以上のことから，図 6.2 に示すようにビジョンから業務への繋がりが見えてくると考える．

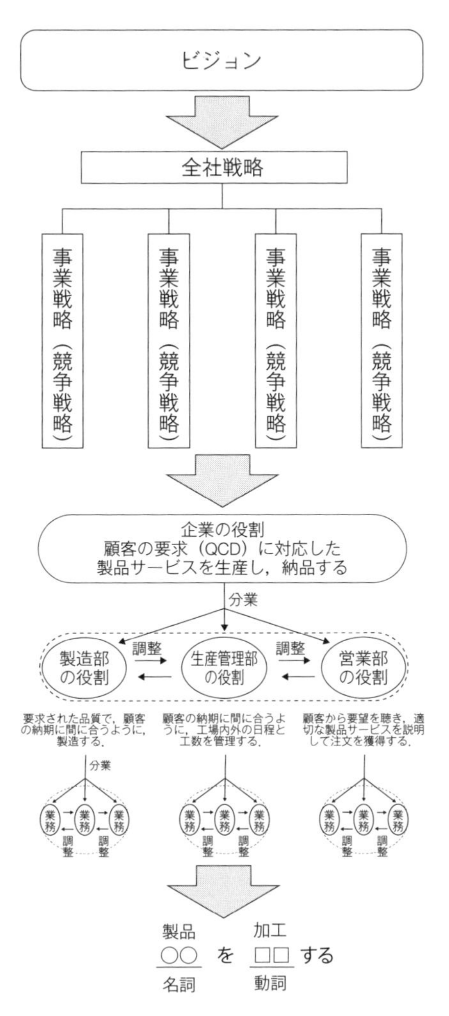

図 6.2　ビジョン，戦略，組織，業務の繋がり

6.2 フォアキャスティングとバックキャスティング

企業の進むべき方向を決めるための一つのアプローチとして，未来の社会をイメージする必要がある．社内で共通的に未来社会のイメージを持つことで，共通的な価値観が培えるからである．未来を創造するためには，二つのアプローチがある（図6.3参照）．一つは現在を前提及び基軸とし，予測的に未来を描くフォアキャスティングである．これは現状をよく精査し，把握した上で一年一年予測を積み重ねて未来を考えるアプローチである．もう一つは現在を前提とせずに理想的な未来を描くバックキャスティングである．これは現状という制約をかけずに直接未来を描くため，創造力が問われるアプローチである．そして描いた理想的な未来を基軸として，現

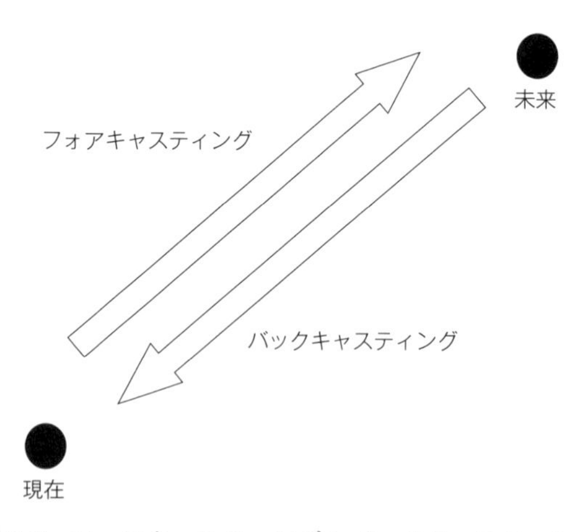

図6.3 フォアキャスティングとバックキャスティング
［出典：加藤雄一郎（2014）：理想追求型QCストーリー，日科技連出版社，p.59，図7.2をもとに作成］

在に遡ることにより，現在の課題を浮き彫りにすることができる．

両アプローチは一長一短あり，どちらが優れているという訳ではなく，併用していくことで，企業を取り巻く社会の姿を創り上げていくことが大切である．今の今だけを考えていては，暗黙的に思考が停止する部分が出てきて，無意識に発想を拒んでしまうことが考えられる．特にバックキャスティングにおいては，理想的未来を直接描くことから，このような無意識の壁を突破することが期待できる．未来で起こることは誰にも予想ができず，ましてや現在の延長上に未来を置かず，実現性の乏しい未来を創ることにどのような意味があるのかとの意見もあると考える．ここで大切なことは，理想的未来をただ創り上げるのではなく，そこで生活する人の“価値観”を予想できることである．これについては，現状を基軸としたフォアキャスティングでは難しい．価値観ほど，現在を生きている我々に刷り込まれた経験値はないからである．したがって，直接理想的未来を創り，そこでの生活をイメージして異なる価値観に気づくことで，新たな製品・サービスへの発想の源が生まれる可能性が膨らむと考える．そして，それを社内で共有することで，進むべき一つの絵の解像度が高くなっていくと考える．一方で気をつけるべき点としては，あまりに時代を先取りし，現在持つ価値観との距離が出過ぎてしまうと，理解されるまでに時間がかかり，ビジネスとして成立が難しくなってしまう場合がある．この辺りは，フォアキャスティングで時代の変化のスピードを予測しつつ，バックキャスティングで創り上げる理想的未来の時代を，ある程度調整を図ることで避けられる可能性がある．

6.3 まとめ

本章では，企業が活動をしていく上での方向性に相当するビジョンについて取り上げた．戦略や組織は，描いているビジョンに基づいているため，業務にも多大な影響をもたらす．第5章において戦略まで思考の幅が広がってきているので，是非ビジョンにまで踏み込み，企業の持つ社会への考え方についても把握いただきたい．現在，社会課題解決という言葉を耳にする機会が増えてきたが，企業と社会がどのような関係を保つかは，まさしくビジョンによるところが大きい．是非ビジョンを認識し，企業がこれから進むべき方向性を理解した上で，戦略，組織を通して業務を実施いただきたい．

コラム 9：デザインとオペレーション

本書において，新規製品・サービスに関連するエンジニアリングチェーンと，既存製品・サービスに関連するサプライチェーンの二つの大切さを示してきた．これを別の言葉に言い換えるとデザインとオペレーションとなり，これらの関係は企業活動の場において大小様々な場面で遭遇する．例えば，生産現場におけるラインに関連付けると，ラインの編成とラインの運営となり，生産設計，工程設計，初期流動管理のイメージが出てくると考える．一方，上述のように新規製品・サービスという意味合いでは，新規事業開発と既存事業運営という分類にも取れ，戦略や組織の問題に関連付く．

以上のことより，この二つは姿形を変えて，日常業務の中に垣間見られるため，どちらか一方の問題なのではなく，デザインからオペレーションへと流れていく中での位置付けとして捉えて，意思決定を迅速に下していく必要がある（図 6.4 参照）．そしてそれは，組織内で全体の流れを共有化していく必要がある．

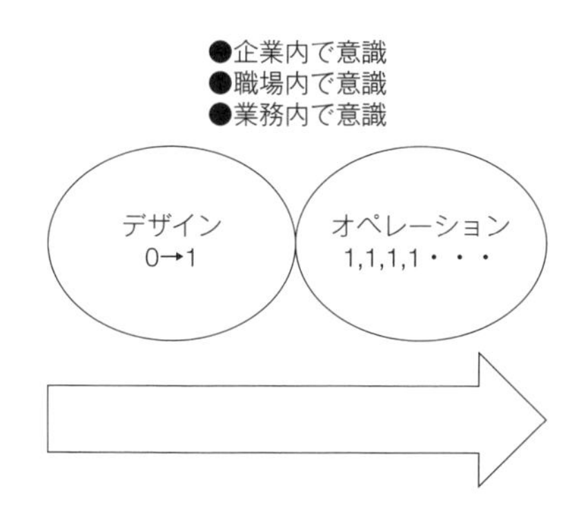

図 6.4　デザインとオペレーションの流れ

あとがき

我が国は文化的に現状把握がとても得意な国民性であると考える．これは，身の回りを見て，今自身のできることを考えていく思考である．しかし，これは現状が前提となるため，イノベーションが起きにくいとの批判もあるだろう．本書は現状把握を軸としているが，その対象を少しずつ押し広げ，企業のビジョンまで展開する徹底した現状把握である．自身の業務との紐付けとしては，かなり大規模なものである．所属企業の社会に対する貢献や進むべきビジョンについて，以前よりも可視化され，業務の位置付けが明確化されたことと考える．

さて，組織論の興味深い事項の一つとして，“組織のビジョンにコミットするためには自身のビジョンが明確であること”が前提となっていることが挙げられる．所属組織へのコミットを高めるためには，自身のビジョンが不可欠ということである．これはどのようなビジョンでもよいが，自身が認識していることが大切であり，認識した上で組織のビジョンとの折合いをつけるプロセスが，コミットを強くしていくと考える．

個のビジョンの確立については本書で扱うものではないが，本書を一通りお読みいただき，自身の業務の位置付けを企業ビジョンと紐付けた後に，是非一度，自身のビジョンを確認いただきたい．そして，もしまだ明確でないのであれば，是非自身のビジョン創りに取り組んでほしい．本書で明確化された企業ビジョンと自身の業務の位置付けに，自身のビジョンとの関係も加味された上で，今後自身がどのように組織に関わっていくかを決定していくことになり，個と組織の連動性が真に高まり，組織能力の向上に繋がっていくと考える．

引用・参考文献

1) H.I. アンゾフ，広田寿亮訳(1969)：企業戦略論，産業能率短期大学出版部
2) 並木高矣，倉持茂(1970)：作業研究，日刊工業新聞社
3) 村松林太郎(1970)：生産管理の基礎，国元書房
4) 池永謹一(1971)：現場の IE 手法，日科技連出版社
5) 藤田彰久(1978)：新版 IE の基礎，建帛社
6) 水野滋，赤尾洋二(1978)：品質機能展開，日科技連出版社
7) 千住鎭雄，川瀬武志，佐久間章行，中村善太郎，矢田博(1980)：作業研究，日本規格協会
8) 細谷克也(1982)：QC 七つ道具，日科技連出版社
9) 新 QC 七つ道具研究会(1984)：やさしい新 QC 七つ道具，日科技連出版社
10) 大滝厚，千葉力雄，谷津進(1984)：データのまとめ方と活用Ⅰ，日本規格協会
11) 石川馨(1989)：品質管理入門，日科技連出版社
12) 森口繁一編(1989)：新編　統計的方法　改訂版，日本規格協会
13) 赤尾洋二(1990)：品質展開入門，日科技連出版社
14) 永田靖(1992)：入門 統計解析法，日科技連出版社
15) George Kanawaty(1992)：*Introduction to Work Study (fourth edition)*, International Labour Office
16) 大藤正，小野道照，赤尾洋二(1994)：品質展開法(2)－技術・信頼性・コストを含めた総合的展開－，日科技連出版社
17) 鳥居泰彦(1994)：はじめての統計学，日本経済新聞出版社
18) 大藤正，小野道照，永井一志(1997)：QFD ガイドブック－品質機能展開の原理とその応用，日本規格協会
19) 赤尾洋二，吉澤正，新藤久和(1998)：実践的 QFD の活用，日科技連出版社
20) 圓川隆夫，黒田充，福田好朗(1999)：生産管理の事典，朝倉書店
21) 佐藤知一(2000)：革新的生産スケジューリング入門，日本能率協会マネジメントセンター
22) 沼上幹(2000)：わかりやすいマーケティング戦略，有斐閣アルマ
23) 谷津進(2000)：統計的検定・推定，日本規格協会

24）藤本隆宏(2001)：生産マネジメント入門，日本経済新聞社
25）Kjell B.Zandin (2001)：*Maynard's Industrial Engineering Handbook (fifth edition)*，Mcgraw-Hill
26）日本経営工学会(2002)：生産管理用語辞典，日本規格協会
27）沼上幹(2004)：組織デザイン，日本経済新聞出版社
28）吉澤正(2004)：クォリティマネジメント用語辞典，日本規格協会
29）吉澤正，大藤正，永井一志(2004)：持続可能な成長のための品質機能展開 JIS Q 9025 の有効活用法とその事例，日本規格協会
30）永井一志(2007)：QC サークル誌 2007 年 7 月号サービス業で改善に役立つツール(接客サービス分野)，日本科学技術連盟
31）永井一志，大藤正(2008)：第 3 世代の QFD－開発プロセスマネジメントの品質機能展開－，日科技連出版社
32）二見良治(2008)：演習　新 QC 七つ道具，日科技連出版社
33）日科技連 QFD 研究部会(2009)：第 3 世代の QFD 事例集－品質機能展開と管理・改善手法との融合－，日科技連出版社
34）圓川隆夫(2009)：オペレーションズ・マネジメントの基礎－現代の経営工学－，朝倉書店
35）大藤正(2010)：QFD－企画段階から質保証を実現する具体的方法－，日本規格協会
36）楠木建(2010)：ストーリーとしての競争戦略，東洋経済新報社
37）網倉久永，新宅純二郎(2011)：経営戦略入門，日本経済新聞社
38）日本品質管理学会(2011)：日本品質管理学会規格　品質管理用語，日本品質管理学会
39）木内正光(2013)：サプライチェーンの情報を活かした製品開発に関する研究－品質機能展開活用の視点から－，日本物流学会誌，Vol.21，No.1，pp.143-150
40）木内正光(2014)：サプライチェーンにおける企業間接点に着目した間接業務の適正化に関する研究，城西大学経営紀要，Vol.10，No.1，pp.105-115
41）木内正光(2015)：生産現場構築のための生産管理と品質管理，日本規格協会
42）神戸大学経済経営学会(2016)：ハンドブック経営学，ミネルヴァ書房
43）Masamitsu Kiuchi，Kazushi Nagai，Kenichi Nakashima (2016)：A Study on the Effects of Client Company Information on the On-Site

Logistics and Processes in a Supply Chain－A New Design Approach using Quality Function Deployment－，*Expert Journal of Business and Management*，Vol.4，No.1，pp.56-62
44）木内正光，永井一志，中島健一(2017)：品質機能展開を用いた生産・物流活動の業務設計に関する研究，経営システム，Vol.27，No.2，pp.77-80
45）芦澤成光(2018)：大学１年生のための経営学，創成社
46）入山章栄(2019)：世界標準の経営理論，ダイヤモンド社
47）日本インダストリアル・エンジニアリング協会編(2021)：新人 IEr と学ぶ 実践 IE の強化書，日刊工業新聞社
48）藤本敦也，宮本道人，関根秀真(2021)：SF 思考 ビジネスと自分の未来を考えるスキル，ダイヤモンド社
49）木内正光(2022)：生産管理と品質管理，品質，Vol.52，No.4，pp.246-249
50）JIS Z 8141:2022　生産管理用語
51）Masamitsu Kiuchi，Kenichi Nakashima(2022)：A Study on Quality Function Deployment and Industrial Information：Towards Digital Transformation，*Journal of Japan Industrial Management Association*，Vol.72，No.4E，pp.281-284
52）JIS ハンドブック 57 品質管理 2023，日本規格協会

索　　引

【ひ】

【ふ】

【へ】

【ま】

【み】

【も】

【よ】

【ら】

【り】

【れ】

JSQC選書37

現場から経営を考える
自らの業務を起点に組織全体の経営を洞察する

2024年12月12日　第1版第1刷発行

監修者　一般社団法人 日本品質管理学会

著　者　木内　正光

発行者　朝日　弘

発行所　一般財団法人 日本規格協会
〒108-0073 東京都港区三田3丁目11-28 三田Avanti
https://www.jsa.or.jp/
振替　00160-2-195146

製　作　日本規格協会ソリューションズ株式会社

製作協力・印刷　日本ハイコム株式会社

ISBN978-4-542-50495-0

●当会発行図書，海外規格のお求めは，下記をご利用ください．
JSA Webdesk（オンライン注文）：https://webdesk.jsa.or.jp/
電話：050-1742-6256　E-mail：csd@jsa.or.jp

JSQC選書

JSQC(日本品質管理学会) 監修

1	**Q-Japan** よみがえれ，品質立国日本	飯塚　悦功　著
2	**日常管理の基本と実践** 日常やるべきことをきっちり実施する	久保田洋志　著
3	**質を第一とする人材育成** 人の質，どう保証する	岩崎日出男　編著
4	**トラブル未然防止のための知識の構造化** SSM による設計・計画の質を高める知識マネジメント	田村　泰彦　著
5	**我が国文化と品質** 精緻さにこだわる不確実性回避文化の功罪	圓川　隆夫　著
6	**アフェクティブ・クォリティ** 感情経験を提供する商品・サービス	梅室　博行　著
7	**日本の品質を論ずるための品質管理用語 85**	日本品質管理学会 標準委員会　編
8	**リスクマネジメント** 目標達成を支援するマネジメント技術	野口　和彦　著
9	**ブランドマネジメント** 究極的なありたい姿が組織能力を更に高める	加藤雄一郎　著

JSQC選書

JSQC(日本品質管理学会) 監修

28	**品質機能展開(QFD)の基礎と活用** 製品開発情報の連鎖とその見える化	永井 一志 著
29	**企業の持続的発展を支える人材育成** 品質を核にする教育の実践	村川 賢司 著
30	**商品企画七つ道具** 潜在ニーズの発掘と魅力ある新商品コンセプトの創造	丸山 一彦 著
31	**戦略としてのクオリティマネジメント** これからの時代の"品質"	小原 好一 著
32	**生産管理** 多様性と効率性に応える生産方式とその計画管理	髙橋 勝彦 著
33	**海外進出と品質経営による成長戦略** グローバル中堅企業 100 年の軌跡	中尾 眞 著
34	**食の安全** HACCP の本質を理解して ISO 22000 を使いこなす	荒木惠美子 著
35	**品質不正の未然防止** JSQC における調査研究を踏まえて	永原 賢造 著
36	**統計的工程管理** 原点回帰から新機軸へ	仁科 健 著

日本規格協会 https://webdesk.jsa.or.jp/